国家重点研发计划项目，"智能制造软件形式化验证和性能优化技术"，No.2017YFA0700604；

国家自然科学基金（重点项目），"基于模糊测试的物联网设备固件漏洞检测技术研究"，No.62032010；

国家社会科学基金（一般项目），"面向国家安全的科技竞争情报态势感知研究"，No.21BTQ 012；

教育部哲学社会科学研究后期资助（重大项目），"面向南海疆维权的民国档案资料增补与研究"，No.21JHQ014；

教育部产学合作协同育人项目，"机器学习与大数据教学平台与实训环境"，No. 202102191052；

江苏省前沿引领技术基础研究（专项项目），"人机物深度融合高可信网构软件技术、理论与方法"，No.BK20202001；

江苏省社会科学基金（青年项目），"面向海疆智库领域的知识组织模式研究"，No.21TQC004；

江苏省双创博士人才计划项目，"面向物联网固件漏洞检测的模糊测试平台"，No.JSSCBS20210032；

｜光明学术文库｜经济与管理书系｜

物联网软件漏洞检测技术

司徒凌云 ｜ 著

光明日报出版社

图书在版编目（CIP）数据

物联网软件漏洞检测技术 ／ 司徒凌云著． -- 北京：
光明日报出版社，2021.9
ISBN 978 - 7 - 5194 - 6294 - 9

Ⅰ.①物… Ⅱ.①司… Ⅲ.①物联网—软件可靠性
Ⅳ.①TP393.4②TP18③TP311.53

中国版本图书馆 CIP 数据核字（2021）第 178358 号

物联网软件漏洞检测技术
WULIANWANG RUANJIAN LOUDONG JIANCE JISHU

著　　者：司徒凌云	
责任编辑：黄　莺	责任校对：刘浩平
封面设计：中联华文	责任印制：曹　净

出版发行：光明日报出版社

地　　址：北京市西城区永安路 106 号，100050

电　　话：010 - 63169890（咨询），010 - 63131930（邮购）

传　　真：010 - 63131930

网　　址：http：// book. gmw. cn

E - mail：gmrbcbs@ gmw. cn

法律顾问：北京市兰台律师事务所龚柳方律师

印　　刷：三河市华东印刷有限公司

装　　订：三河市华东印刷有限公司

本书如有破损、缺页、装订错误，请与本社联系调换，电话：010 - 63131930

开　　本：170mm×240mm

字　　数：153 千字　　　　　　　印　　张：13

版　　次：2022 年 5 月第 1 版　　　印　　次：2022 年 5 月第 1 次印刷

书　　号：ISBN 978 - 7 - 5194 - 6294 - 9

定　　价：89.00 元

目　录
CONTENTS

第一章　绪论 ··· 1

第一节　研究背景 ·· 1

第二节　研究问题 ·· 11

第三节　主要工作 ·· 12

第四节　全书架构 ·· 15

第二章　基础知识 ·· 17

第一节　物联网设备与软件 ························· 17

第二节　物联网设备安全与软件漏洞 ·········· 21

第三节　漏洞检测技术 ······························· 30

第四节　本章小结 ·· 45

第三章　物联网第三方库漏洞检测 ··············· 46

第一节　问题与挑战 ···································· 47

第二节　污染数据驱动的漏洞静态分析 ········ 50

第三节 相关工作 ………………………………………………… 62

第四节 本章小结 ………………………………………………… 64

第四章 物联网通信协议漏洞检测 ………………………… **65**

第一节 问题与挑战 ……………………………………………… 66

第二节 智能感知驱动的灰盒模糊测试 ………………………… 69

第三节 相关工作 ………………………………………………… 82

第四节 本章小结 ………………………………………………… 84

第五章 物联网固件镜像漏洞检测 ………………………… **85**

第一节 问题与挑战 ……………………………………………… 86

第二节 虚拟外设驱动的混合模糊测试 ………………………… 90

第三节 相关工作 ………………………………………………… 103

第四节 本章小结 ………………………………………………… 104

第六章 漏洞检测系统设计与实现 ………………………… **105**

第一节 系统设计 ………………………………………………… 105

第二节 模块功能与实现 ………………………………………… 107

第三节 本章小结 ………………………………………………… 114

第七章 实验评估 ………………………………………………… **115**

第一节 污染数据驱动的漏洞静态分析评估 …………………… 115

第二节 智能感知驱动的灰盒模糊测试评估 …………………… 127

第三节　虚拟外设驱动的混合模糊测试评估 ……………………… 138

第四节　本章小结 …………………………………………………… 147

第八章　总结与展望 ………………………………………………… 155

参考文献 ……………………………………………………………… 159

第一章

绪　论

第一节　研究背景

物联网（Internet of Things，IoT）是通过通信技术将海量终端设备建立连接，然后基于云计算平台实现设备控制，基于大数据与人工智能技术实现人、机、物实时交互、深度融合的新一代网络系统。如图1-1所示，典型的物联网系统分为感知层、网络层、平台层与应用层。

其中，感知层是物联网系统的最底层，主要由各种终端设备构成，如智能电表、智能摄像头、智能路由等；感知层的主要功能是通过多样的传感器感知设备获取所处环境的各类信息。网络层主要由各类通信协议构成，包括以蓝牙为代表的近场通信、以 Long Term Evolution（LTE）为代表的远距离蜂窝通信、以 Wi-Fi 为代表的远距离非蜂窝通信等；网络层主要负责感知层与平台层的通信以及感知层各个节点之间的信息交互。平台层则以云计算为核心，主要功能包括对感知层收集的数据进行汇总与处理，对感知层的各个设备进行调度与控制等。应用层则是物联

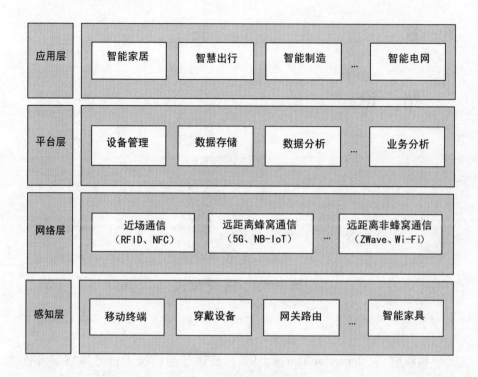

图 1-1 物联网系统层次

网面向具体领域、需求与问题的应用。

图 1-2 显示的是面向智能家居领域应用的物联网系统，主要由三类实体构成：①物联网云端，主要负责对接入物联网设备的识别、控制与管理，支持用户配置连接设备间的自动化交互规则；②物联网终端，既包含可以直接连接云平台的智能冰箱、智能灯泡、智能插座等智能硬件，又包括为其他设备连接云平台提供接口的中心网关、智能路由等设备；③移动端 APP，主要支持用户通过网络通信与云平台进行交互，实现对连接设备的监控。各种各样的物联网设备（如智能电视、智能冰箱、摄像头等）是构成物联网系统的核心。

随着新一代通信技术的进步，NB-IoT（窄带物联网技术）、eMTC

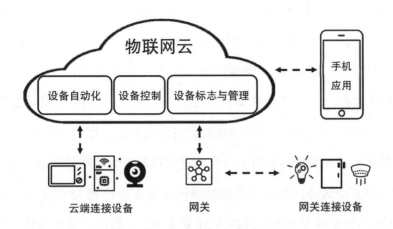

图 1 - 2　面向智能家居的物联网系统

（增强性机器通信技术）、LoRa（远距离无线电技术）等低功耗广域技术不断创新突破，物联网蓬勃发展，与国计民生息息相关的各个领域深度融合。IoT - Analystic 统计数据显示，2018 年全球公布的 1600 个物联网建设项目中，智慧城市占比 23%，工业物联网占比 17%，智慧建筑、车联网、智慧能源等项目分别占比 12%、11%、10%①。与此同时，物联网设备数量高速增长，广泛部署在众多安全攸关领域。据官方统计，截至 2019 年，全球物联网设备联网数量达 110 亿。其中，消费级物联网设备数量达 60 亿，工业物联网设备数量达 50 亿。据 GSMA 预测，2025 年全球物联网设备联网数量将高达 250 亿。其中，消费级物联网设备连接数达 110 亿，工业级物联网设备连接数将高达 140 亿②。

物理网飞速发展的同时，其面临的安全威胁、安全挑战也日益凸

---

① 资料来源：IoT Analytics 官网
② 资料来源：GSMA 官网

显，针对物联网设备的安全攻击已经成为现实，导致安全事故频发。2011 年伊朗核反应堆遭受震网蠕虫攻击，致使离心机报废。2016 年，Mirai 僵尸网络借助物联网设备制造了迄今为止规模最大、后果最严重的 DDoS 攻击，60 万台物联网设备受影响。2017 年，BrickerBot 恶意软件的攻击使得超过 1000 万台物联网设备永久报废。据 Gartner 调查，近20% 的企业或相关机构在过去三年内遭受过基于物联网的攻击，为了应对物联网安全威胁，2018 年全球物联网安全支出达到 15 亿美元，预计到 2021 年物联网安全支出将高达 31 亿美元①。如何有效抵御针对物联网设备的安全攻击、保障物联网设备安全，已经是迫在眉睫的大事。

威胁物联网设备安全的因素有很多，包括硬件安全、通信安全、数据安全、软件安全等。其中，软件安全是保障物联网设备安全的关键，因为软件是物联网设备中的核心使能部件。物联网设备的软件系统若存在安全漏洞，在联网环境下就极易被攻击者利用，从而造成灾难性的后果。

首先，物联网设备中运行的软件主要由 C/C＋＋语言编写，程序员需要对诸如内存分配、释放等安全敏感操作进行安全防护决策，比如输入合法性检查、越界检查等。但是，程序员对安全保护认识的不足以及实际编码的疏忽，往往会造成各类软件缺陷，如检查缺失、缓冲区溢出、空指针引用、Double Free 等。在不可信的网络环境下，这些缺陷就会演变成可被攻击者利用的安全漏洞，如 ASUS 路由器中的栈溢出缺陷造成任意代码执行（CVE－2017－12754）、Snapdragon 芯片软件中的

---

① 资料来源：Gartner 官网

Out – Of – Bound Read 缺陷造成敏感信息泄露（CVE – 2019 – 2343）等。

其次，由于物联网硬件设备低功耗、资源有限，重量级的安全防护机制难以部署，一旦其中运行的软件存在安全漏洞，就极易被攻击者入侵。比如 2018 年，我国国家药监局发布大批医疗器械主动召回公告，原因是软件安全性不足，极易遭受黑客控制，召回设备包括磁共振成像系统、人工心肺机等共计 24 万台设备。

最后，软件作为物联网设备的核心使能部件，具有较高的权限，能够直接控制其底层硬件，一旦其中存在的漏洞被攻击者利用，将造成灾难性的后果。比如 2014 年西班牙智能电表事件，智能电表存在的安全漏洞被恶意利用来关闭整个电路系统，导致大规模停电①。

因此，如何有效检测并消除物联网设备中的软件漏洞，是保障物联网设备安全亟待解决的问题。

软件漏洞检测是指基于软件程序制品（如源码、抽象语法树、中间表示、运行系统），通过各种静态、动态方法，挖掘软件程序中存在的安全风险。目前，主流的软件漏洞检测手段包括静态分析、符号执行以及模糊测试。

静态分析[1][2]是指在不运行软件系统的前提下，对源码、抽象语法树、中间表示等形态的软件制品进行扫描分析，通过与典型软件漏洞模式匹配，发现软件中存在的安全漏洞。目前，已经有各种基于语法、语义分析技术的开源工具（如 ITS4[3]、Flawfinder[4]、RATS[5]、Splint[6]）以及商业工具（如 Coverity[7]、Fortity[8]、Klockwork[9]、Codesonar[10] 和

---

① 来源：中国信通院物联网安全创新实验室——物联网终端安全白皮书（2019）。

Veracode[11]等）。然而，受限于典型漏洞建模准确度以及静态分析的精确度，静态分析的漏洞检测误报、漏报问题突出。各种高精度分析技术，比如数据流分析[2][12]、指针别名分析[13][14][15][16][17]、污染分析[18][19]等被用以提高静态分析的精度。然而，面对日益庞大的程序规模，高精度的静态分析开始出现性能问题，直到提出与应用众多稀疏值流分析技术[20][21][22][23]，静态分析技术才被成功应用于大规模复杂程序的漏洞检测。面向物联网固件，科斯汀（Costin）[24]对大规模物联网固件进行收集、过滤、解包和分析，通过计算待分析固件与恶意固件之间的相似度来检测目标固件可能存在的安全风险。Genius[25]将控制流图编码成高维度的数字特征向量，提升了跨平台固件漏洞检测的准确度。FirmUp[26]提出了精确的、可用于大规模程序的静态分析技术，实现了对固件镜像中相似函数调用的有效定位。

符号执行[27][28]使用符号变量代替具体取值来作为程序的输入，驱动程序模拟执行，探索程序的路径空间。在符号执行的过程中，为所经历的程序路径收集一组与之对应的约束集合，通过利用约束求解器求解该执行路径上的对应约束条件，从而得到符合该执行的实际输入值，产生对应执行路径的测试用例。典型的符号执行工具有 EXE[29]、CUTE[30]、KLEE[31]、SAGE[32]、S2E[33]、Angr[34][35]等。理论上，符号执行可以实现对任意指定路径的覆盖。但是，一方面受限于约束求解器的能力，其对于包含复杂程序特征（如浮点计算、非线性约束、第三方库函数等）的约束集合难以求解。另一方面，面临路径爆炸问题，受现实程序规模不断扩大、程序分支不断增多以及程序中循环和递归结构的影响，程序路径数量巨大，甚至可能达到无穷，符号执行难以有效遍历大规模程序状态空间。众多的研究工作致力于通过各种符号执行制导技术来缓解路径爆炸问题，同时采用约束优化、状态合并等方法来缓解约束求解能力的限制。面向物联网固件，FIE[36]基于 KLEE 实现了对 MSP430 架构体系的固件源码进行安全性质的验证分析。Firmalice[37]是一个面向二进制固件程序的符号执行框架，其利用认证绕过漏洞模型实现了对固件后门的检测。FirmUSB[38]基于 USB 协议知识，利用符号执行验证固件是否满足其期望性质，但同样受限于所支持的体系架构（8051 架构）。Inception[39]基于 KLEE 合并固件中的 LLVM 字节码、汇编码、二进制库文件，构建了一个符号执行框架，实现了对合并文件的有效分析和安全漏洞的有效检测。

模糊测试[40][41][42][43]的基本思想是向实际运行的软件系统发送大量半有效的测试输入，通过监控系统运行状态、发现未定义的系统行为（如崩溃等）来达到漏洞检测的目的。根据测试用例的生成方式，模糊测试技术可以分为基于生成的（Generation – based）模糊测试与基于变异的（Mutation – based）模糊测试。基于生成的模糊测试工具如 Sulley[44]、Peach[45]、Boofuzz[46]等，通过对输入语法格式与行为状态进行建模来生成测试用例。该方法对于处理高结构化输入的软件程序效果较好，但是目前人工构造语法与状态模型的开销较大，而且难以处理语法规约未知的情况。基于变异的模糊测试工具如 AFL[47]、LibFuzzer[48]、HonggFuzz[49]通过应用一组变异操作对预先提供的种子用例进行修改，从而产生新的测试用例。该方法简洁、易于实现、可处理大规模程序，在实际中被广泛使用。根据被测程序内部结构与运行时信息的利用程度，模糊测试可以分为黑盒、白盒、灰盒模糊测试。其中，黑盒模糊测试[44][45][50]对被测系统内部信息透明，由于随机产生的测试输入存在大量冗余，相对低效。白盒模糊测试一般采用重量级程序分析技术如污染分析[51][52]、符号执行[32][53]等技术来辅助模糊测试，提高测试用例产生的有效性，由于重量级程序分析技术的开销较大，该方法面临规模化问题。以 AFL、LibFuzzer 和 Honggfuzz 为代表的灰盒模糊测试技术一般采用轻量级的程序插桩来收集运行时的覆盖度反馈制导并优化测试用例生成。由于"反馈制导、遗传优化"机制的灵活性与有效性，覆盖度反馈制导的灰盒模糊测试技术已经成为工业界、学术界应用与研究的热点。众多的研究从提升反馈精度与粒度[54][55]、提升测试执行性能[56][57]、改进变异策略[52][58][59][60]、优化种子质量[61][62][63]和改进种子选择[54][64][65][66]等多个方面提升模糊测试技术的有效性与效率。面向物联网固件，RPFuzzer[67]是一个黑盒模糊测试工具，其通过向物联网设备发送大量数据包、使用监控设备 CPU、检查系统日志来检测物联网设备中路由协议的漏洞。文献[68]指出，内存破坏漏洞在嵌入式设备上常常表现为不同的行为（如 Slien Crash），缺乏准确的漏洞信号会严重影响物联网固件漏洞的动态检测。IoTFuzzer[69]是一个基于 APP 的黑盒模糊测试工具，通过 APP 向被测设备发送测试消息，基于活性（liveness）分析观察系统状态，来实现对物联网设备内存相关错误的检测。Avatar[70]及其拓展 Avatar2[71]利用真实外设处理固件接口交互，基于模拟器执行固件程序，同时将模拟执行过程中遇到的外设访问定向到真实设备进行处理，对于一些无法获取的外设，提供相应的软件来充当真实外设。FIRMADYNE 利用内置修改的 Linux 内核实现了基于 Linux 固件的全系统模拟[72]。FIRM – AFL[73]基于 FIRMADYNE，构建了基于

8

Linux 固件的高性能灰盒模糊测试工具。P2IM[74]基于特定类别架构体系寄存器访问模式的刻画建模外设行为，来进行固件测试。

经过多年的研究与发展，漏洞检测技术取得了长足的进步。但是面对日益庞大与复杂的软件，符号执行技术受限于约束求解能力与路径爆炸问题，难以规模化。因此，目前实用的漏洞挖掘技术是以静态分析、模糊测试为主，以符号执行、机器学习[75][76]为辅。

物联网设备中的软件主要包括固件、通信协议、第三方库和操作系统等。固件一般以二进制形式运行在物联网设备的只读存储器中，负责控制底层硬件、与外界环境交互、监控数据状态、收集感知数据等，其中存在的安全漏洞是物联网设备遭受攻击的首要原因；通信协议是实现物联网设备与外界环境交互，支持物联网设备之间相互通信的基础，协议设计和实现过程中引入的漏洞往往使得物联网遭受远程攻击而失去设备控制权；物联网设备软件的开发经常需要调用大量第三方库，而对这些库的调用往往缺乏必要的安全检查，从而引发大量安全隐患。

面对上述不同类型的物联网设备软件的漏洞检测需求，现有的基于静态分析与模糊测试途径的漏洞检测方法存在局限，难以满足需求。普遍来说，基于静态分析途径的漏洞检测方法面临精度与性能的平衡挑战。随着物联网设备中软件规模程度的日益庞大，从原来只包含应用程序发展到包含应用程序、第三方库、通信协议以及操作系统等，其检测精度与检测性能问题更加突出，加上对物联网场景下新漏洞模式刻画的缺失或准确度的不足，导致误报与漏报问题严重。同时，基于静态分析途径的漏洞检测方法往往需要将软件程序转化为代码语义等价的统一表示形式（如抽象语法树或中间语言表示），然而物联网设备中的软件代码构成日益复杂，从原来只包含 C 语言源码，发展到既包含 C/C＋＋源码又包含汇编，构造保持语义的统一表示变得困难；基于模糊测试途径的漏洞检测方法普遍存在测试用例低效、冗余的问题，随着物联网设备中软件类型的多样化，基于多种架构体系软件的出现（如 ARM Cortex－0/3/4，MIPS、x86－64 等），通用的模拟执行环境难以构建，这造成了面向物联网设备的通用软件模糊测试工具的缺失。同时，随着物联网设备中软件整合的外设类型日益多样化，软件与外界环境交互的接口日益复杂，基于模糊测试途径的漏洞检测方法受限于所能支持探索的接口输入空间，存在代码覆盖度低下的问题，加之测试资源分配的随机性与盲目性，导致漏洞检测效率不高。具体如下：

（1）面向物联网第三方库的漏洞检测，由于外界可操控的不可信数据在安全敏感操作使用前缺乏恰当的检查，产生众多高危漏洞（如缓冲区溢出、数组越界、空指针引用等），导致其缺乏对数据操作检查缺失漏洞的有效刻画与检测。

（2）面向物联网通信协议的漏洞检测，由于缺乏对协议语法、协议状态机以及程序漏洞区域的智能感知，导致在测试过程中生成了大量无效、冗余的测试用例，在漏洞无关状态与区域浪费了大量测试资源。

（3）面向物联网固件镜像的漏洞检测，由于在测试不同架构、不同类型的固件镜像时，严重依赖真实硬件设备，并且难以有效识别固件漏洞触发的信号，导致缺失通用的固件灰盒模糊测试工具。

第二节 研究问题

为了缓解上述物联网第三方库、通信协议、固件镜像漏洞检测面临的挑战，我们致力于研究以下问题：

1. 如何实现对第三方库数据操作检查缺失漏洞的有效检测？

具体问题包括：（a）如何有效定位软件程序中的安全敏感操作；（b）如何有效判定敏感操作中使用数据的可利用性；（c）如何有效界定检查缺失漏洞的存在性；（d）如何有效评估检查缺失漏洞的风险程度。

2. 如何提高基于测试途径的通信协议漏洞检测效率？

具体问题包括：（a）如何从协议实现中抽取数据包语法信息、构建协议状态机模型；（b）如何设计并抽取漏洞相关的指标信息，界定更有可能出现漏洞的区域；（c）如何利用感知信息（如协议语法格式、状态机模型、漏洞代码指标等）来制导测试用例生成和测试资源分配。

3. 如何构建通用的固件测试环境进行有效的固件漏洞检测？

具体问题包括：（a）如何构建与硬件设备无关的固件镜像虚拟执行环境；（b）如何让不同类型的交互接口产生有效的测试输入；（c）如何有效收集覆盖度反馈信息优化测试用例生成；（d）如何有效识别固件典型漏洞的触发信号。

第三节　主要工作

本书面向物联网设备的软件漏洞检测需求，围绕第三方库数据操作检查缺失漏洞检测、通信协议漏洞检测、固件镜像漏洞检测等关键问题开展技术研究，提出相应的解决方案，构建原型系统，进行实验评估。本书主要的研究内容如图 1 - 3 所示：

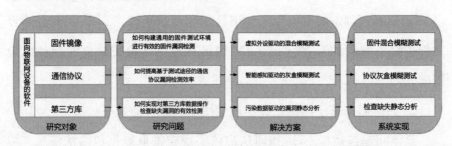

图 1 - 3　研究内容

1. 针对物联网第三方库的漏洞检测问题，为了对第三方库数据操作检查缺失漏洞进行有效分析，我们提出了污染数据驱动的漏洞分析方法。

首先，根据软件程序的抽象语法树表示，我们提出安全敏感操作定位技术，通过轻量级的静态分析实现了对包括敏感 API 使用、除模操作、数组下标访问在内的安全敏感操作的有效定位。其次，针对软件程序的控制流图与函数调用图，我们提出了不可信数据的可利用性判定技术，分析检查不可信数据是否被污染来判断其是否可被外界攻击。再次，针对软件程序的数据流图，我们提出了检查缺失漏洞的存在性判断技术，通过后向数据流分析诊断是否存在对安全敏感操作中使用数据的保护检查，实现其对检查缺失漏洞的检测。最后，我们提出了检查缺失漏洞的风险性评估技术，通过抽取安全指标来计算检测到的检查缺失漏洞的风险程度。该方法能有效检测物联网第三方库中高风险的检查缺失漏洞。

2. 针对物联网通信协议的漏洞检测问题，为了提高通信协议漏洞检测效率，我们提出了智能感知驱动的灰盒模糊测试方法。

首先，基于对大量典型物联网协议实现代码的分析与归纳，我们提出了协议模型抽取技术，利用静态分析从协议源码中抽取协议数据包语法格式信息，构建协议状态机模型。其次，基于对漏洞高频出现区域特征的归纳，我们提出了漏洞区域指标分析技术，基于协议源码的中间表示，运用静态分析技术实现了对四类典型漏洞区域指标的抽取，包括敏感指标、深度指标、复杂指标以及罕至指标。最后，基于静态感知的信息（如协议语法格式、协议状态机模型、漏洞区域指标），我们提出了基于感知信息的模糊测试制导技术，一方面基于协议语法格式制导有效测试用例生成，另一方面基于协议状态机模型与区域漏洞指标制导模糊测试资源分配，为关键协议状态以及更有可能出现漏洞的代码区域分配更多测试资源。该方法能有效提升基于测试途径检测通信协议漏洞的效率。

3. 针对物联网固件镜像漏洞检测问题，为了构建通用的固件测试环境进行有效的固件漏洞检测，我们提出了虚拟外设驱动的混合模糊测试方法。

首先，为了构建通用的固件虚拟执行环境，我们提出了未知外设的符号化模拟技术，通过符号执行模拟未知外设的接口交互行为，实现了摆脱硬件设备依赖的固件虚拟执行。其次，为了给固件多样化的交互接口生成有效的测试用例，我们提出了混合测试用例生成技术，通过融合基于约束生成与基于变异生成的测试用例，实现了对固件多维外设输入空间的有效探索。再次，为了有效对覆盖度反馈进行制导，我们提出了多维覆盖度反馈制导技术，设计并实现了对固件运行时基本块到基本块、外设访问点到外设访问点覆盖的有效收集，并基于遗传进化机制优化测试用例生成。最后，为了有效识别固件运行时典型漏洞的触发信号，我们构建了统一的固件错误检测机制，实现了对运行时固件堆、栈、指令执行动态的追踪，以及对典型固件漏洞的检测。该方法能够摆脱硬件设备依赖，对物联网固件镜像进行有效的执行与漏洞检测。

4. 面向物联网设备的软件漏洞检测，为了对不同类型物联网设备软件进行多种典型漏洞的有效分析与挖掘，我们构建了融合静态分析与模糊测试的软件漏洞检测系统。

通过有机整合上述漏洞静态分析技术、智能感知驱动的灰盒模糊测试技术以及虚拟外设驱动的混合模糊测试技术，设计了包含程序预处理、基于静态分析的协议模型抽取、基于静态分析的区域指标分析、基于静态分析的检查缺失检测、程序插桩、程序执行、测试用例生成、反馈制导、漏洞识别等模块在内的面向物联网设备的软件漏洞检测系统。在 Clang/LLVM、QEMU、AFL、Angr 以及 Avatar2 等开源软件基础上，实现了原型系统 IotBugHunter，该系统能够对物联网第三方库、通信协议以及固件镜像进行典型软件漏洞的挖掘。

5. 面向实现的软件漏洞检测系统 IoTBugHunter，为了验证并展示系统检测典型软件漏洞的有效性与效率，我们设计并实施了大规模的实验评估，构建包含物联网固件镜像、第三方库、通信协议在内的测试基准，对上述提出的污染数据驱动的漏洞静态分析、智能感知驱动的灰盒模糊测试、以及虚拟外设驱动的混合模糊测试分别进行了实验评估。实验结果表明我们的系统能够有效检测物联网第三方库、通信协议、固件镜像中存在的检查缺失漏洞、缓冲区溢出、数组越界、空指针引用等九类典型软件漏洞。IotBugHunter 已经发现了 23 个被开发者确认的软件缺陷以及内存消耗漏洞（CVE－2018－100654）、空指针引用漏洞（CVE－2018－1000667）和栈溢出漏洞（CVE－2018－1000886）。

第四节　全书架构

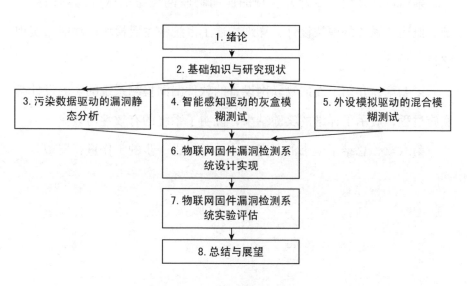

图 1－4　全书组织架构

本书的组织架构如图 1－4 所示，本章主要概述了研究背景、研究问题以及研究内容，后续章节的安排如下所示：

第二章，概述了物联网系统、物联网设备与软件，介绍了物联网设备安全与典型软件漏洞，详述了主流软件漏洞检测技术。

第三章，介绍了污染数据驱动的漏洞静态分析方法。详细说明了安全敏感操作定位技术、不可信数据的可利用性判定技术、检查缺失漏洞存在性的检测技术以及检查缺失漏洞的风险性评估技术。

第四章，介绍了智能感知驱动的灰盒模糊测试方法。详细说明了协议模型抽取技术、漏洞区域感知制导技术以及变异操作感知制导技术。

第五章，介绍了混合模糊测试方法。详细说明了提出的基于符号化外设的固件模拟执行技术、混合测试用例生成技术、多维覆盖度反馈制导技术以及典型固件漏洞识别技术。

第六章，介绍了设计并实现的面向物联网设备的软件漏洞检测系统。概述了系统的框架设计，详细描述了系统中主要模块的功能与实现路径。

第七章，介绍了面向物联网设备的软件漏洞检测系统的实验设计与实施过程，展示了详细的实验结果，说明了系统的有效性与效率。

第八章，总结了全书的研究工作，并对进一步的工作进行展望。

第二章

基础知识

本章首先概述了物联网、物联网设备与软件，然后介绍了物联网设备的典型软件漏洞，最后详述了主流的软件漏洞检测技术及其研究现状。

第一节　物联网设备与软件

物联网是由各种拥有唯一标志的计算设备、机械或数字对象、人与物通过通信技术建立连接，实现人、机、物之间自主的数据传输与信息交换的系统[77][78][79][80]。国际电信联盟在 Y. 2060 建议书中将物联网定义为全球信息社会的基础设施，以万物互联的方式，在现有或新兴通信技术的基础上提供先进的服务。

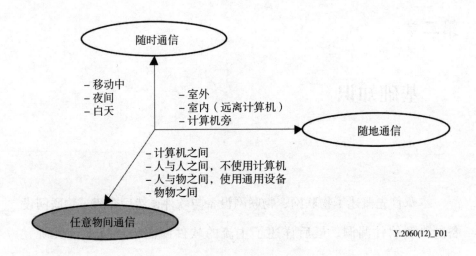

Y.2060(12)_F01

图 2 – 1　物联网特性

如图 2 – 1 所示，物联网在随时随地通信的基础上，提供了任意物间通信，实现了人、机、物的实时交互。其中，"物"指可以被表示并整合进通信网络的物理实体或网络对象。物理实体存在于物理世界中，能够被感测、刺激和连接。虚拟对象存在于信息世界中，能够被存储、处理和访问。

物联网设备（IoT Device）又称智能设备（Smart Device），是指通过通信技术接入物联网并与其他实体进行自主交互的各种具备传感、驱动、控制、监控、通信功能的嵌入式设备[81]。

按照设备接入网络的方式，物联网设备可以分为有卡终端与无卡终端两类。其中，有卡终端又称蜂窝物联网终端，主要以基础电信企业提供的物联网卡作为通信媒介，接入以 NB – IoT 等授权频段技术为代表的蜂窝移动通信网络；无卡终端主要通过嵌入在设备内部的无线通信接入模块，接入以 Wi-Fi、蓝牙等非授权频段技术为代表的行业专网和自组织网络。

按照设备应用场景的需求，物联网设备可以分为消费性物联网设备、公共性物联网设备和生产性物联网设备。其中，消费性物联网设备以提升消费感知舒适度为目的，如智能手环、智能手表、智能冰箱、智能洗衣机等；公共性物联网设备以服务智慧城市为主导，如智能汽车、智能井盖、智能垃圾桶等；生产性物联网设备以服务传统行业转型为目的，工业物联网终端主要安装在工厂大型设备上，用来采集各种传感器数据，并通过有线或无线网络传输至决策服务端进行汇总与处理，实现对工厂设备的实时跟踪与控制。

按照设备的功能，物联网设备可以分为面向信息感知的智能传感设备，如智能摄像头、智能语音助手等；面向设备连接的智能中继设备，如智能路由、智能网关等；面向设备管理的智能控制设备，如手机、平板等；面向具体应用的智能设备，如智能门锁、智能冰箱等；面向数据计算与存储的智能服务设备，如云端服务器等。

软件是物联网设备的核心，主要包括固件、通信协议、第三方库和操作系统等。

固件（Firmware）指的是运行在嵌入式设备上的软件。"固件"一词最早出现于文献[82]中，特指为 AMD29xx 之类的微处理器编写的微程序。后来用来指代嵌入式设备中的软件，通常位于特殊应用集成电路或可编程逻辑器件中的闪存、电子可擦除编程只读存储器（Electrically Erasable Programmable Read – Only Memory，EEPROM）或可编程只读存储器（Programmable Read – Only Memory，PROM）中，其一般特性是可以随时通过电流清除重写和可通过更换存储介质的方式进行更新。传统嵌入式设备固件侧重对硬件内部功能性的控制，缺乏对外在世界的感知与交互。

物联网固件（IoT Firmware）指运行在物联网设备上的软件，一般以二进制形式存储在物联网设备微处理器（Microprocessor Unit，MPU）或微控制器（Microcontroller Unit，MCU）芯片的只读存储器中，负责控制底层硬件，收集并计算感知数据，然后基于网络通信与外界环境进行交互[74]。相较于传统嵌入式设备固件，其显著特点是通过内部无线通信模块或外部物联网卡接入互联网，并通过网络通信感知、接收、计算并处理外部信息。此外，从软件组成而言，传统嵌入式设备固件一般直接基于硬件驱动进行应用程序开发，无操作系统与网络协议等代码组件。物联网固件中往往包含操作系统、第三方库、通信协议以及应用程序等代码组件[74]。按照是否内置操作系统以及内置操作系统类型，如图2-2所示①，固件可分为无操作系统的单片固件（Monolithic Firmware）、基于Linux系统的固件和基于RTOS系统的固件[68]。其中，基于RTOS系统的固件往往又称MCU Firmware[74]。

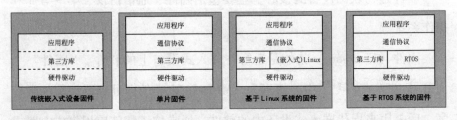

注：虚线代表可选

图2-2　固件类型与固件组成

① 资料来源：AWS官网

通信协议（Communication Protocol）指的是一种规则系统，其通过定义通信规则、消息语法、语义、同步以及可能的错误恢复，来实现系统中两个或多个实体的信息传输。一组设计为可以一起工作的通信协议一般称为协议套件，基于软件实现时又称协议栈。物联网通信协议（如 Bluetooth、ZigBee、MQTT 等）是实现物联网设备与外界环境交互和物联网设备间相互通信的基础。

第三方库（Third – party Library）指的是第三方用编程语言开发实现，并具有良好接口的行为（函数）集合。库的有效使用可以使编程人员避免重复开发，提升软件开发效率。

第二节　物联网设备安全与软件漏洞

物联网设备安全涉及多个方面，包括设备自身的硬件安全、设备感知、计算与处理的数据安全[83]、设备与外界交互的通信安全[84]以及设备中的软件安全（实践中引入的安全漏洞[73]）等。面向物联网设备的软件往往基于 C/C + + 语言实现，其中存在的软件安全漏洞是造成物联网设备遭受众多安全攻击的根本原因之一。内存破坏（Memory Corruption）漏洞是最典型的软件漏洞，主要可以分为两类，即空间上误用产生的（Spatial）错误以及时间上误用产生的（Temporal）错误[85]。其中，空间上误用产生的错误是通过指针引用访问的地址超出相关限制范围而导致的错误，如数组越界、空指针引用、堆栈溢出等。时间上误用产生的错误是使用已释放内存区域的指针而导致的错误，如 Double

Free、Use – After – Free 等。下面详细地介绍几类典型的软件漏洞。

· *Buffer Overflow* 缓冲区溢出指的是输入数据的长度超过了缓冲区能够容纳的长度，超出的部分数据溢出到临近内存区域的一种软件缺陷[86][87]。对于强调效率优先的非安全类型的编程语言 C/C++ 而言，当试图将超过缓冲区所能容纳的数据输入缓冲区时，就会发生溢出。其中，缓冲区指的是计算机中存储数据的一段连续内存区域，包括数据段、堆段和栈段。当发生缓冲区溢出时，溢出的数据流入缓冲区临近的内存区域，会覆盖、修改临近内存区域中的值。缓冲区溢出攻击就是利用这一特点进行的。攻击者精心构造内容，造成缓冲区溢出，进而使溢出部分修改附近内存区域中诸如返回地址、函数指针、栈帧基址、指针变量等关键类型的值，使其指向攻击者希望程序后续执行的位置，从而改变程序控制流，最终执行攻击代码（攻击代码可能位于构造的输入内容之中，也可能是系统库中的函数），实现其攻击目的。

缓冲区溢出漏洞按照不同的标准有不同的分类。按照缓冲区所在内存区域的位置可分为栈溢出和堆溢出；按照导致溢出的内存操作函数可分为字符串操作（如 strcpy 函数等）导致的溢出和格式化输出（如 sprintf 函数等）导致的溢出；按照溢出数据修改的关键值类型可分为修改返回地址的溢出、修改函数指针的溢出和修改指针变量的溢出。

· *Stack Overflow*①栈溢出是指数据溢出缓冲区分配在栈上，栈溢出是被利用最广泛的溢出漏洞。每一次的函数调用，栈中都会存放该函数

_____

① 资料来源：Common Weakness Enumeration 官网

对应的栈帧，其中包含函数参数、函数返回地址、栈帧基址等信息。例如，函数 func 的栈帧如图 2 – 3 所示。Stack Smashing 是基于栈溢出的典型攻击，1996 年，AlephOne 在其文献[88]中对 Stack Smashing 进行了详细的论述，其基本过程如图 2 – 4 所示：首先，攻击者精心构造包含恶意代码的输入内容传入函数（如 Pointer 指向的数组）；然后，函数内部内存操作函数（例如 strcpy 等）将输入内容拷贝到缓冲区，进而造成溢出，溢出的部分会修改临近缓冲区的关键值，即函数的返回地址；最后，当函数返回时，程序执行跳转到被修改过的地址，即恶意攻击代码所在的位置，进而执行攻击代码。

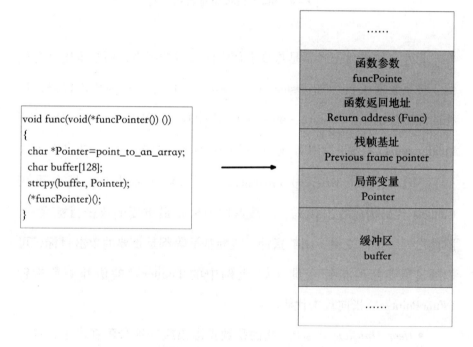

图 2 – 3　func 函数及其栈帧

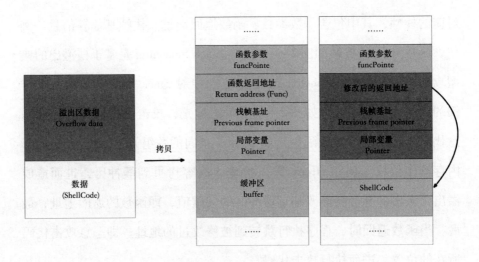

图 2 - 4 Stack Smashing 攻击示例

此外，如果攻击者不是将攻击代码注入缓冲区中，而是重用已有代码，将系统库函数［如 system（），exec（）等］作为攻击代码，这样的溢出攻击叫作 Return – into – Libc 溢出攻击。ROP（Return Oriented Programming）[89]通过 RET 地址重用 Gadgets 代码（内存中的指令序列）。JOP（Jump Oriented Programming）[90]通过 Call/Jmp 指令重用 Gadgets 代码构成攻击代码。函数返回地址是最重要的攻击目标之一，除此之外，指针变量、函数指针、栈帧基址等都是重要的攻击目标，可以通过覆盖修改指针变量（如上例中的 Pointer）的值和函数指针（FuncPointer）指向攻击代码。

● *Heap Overflow* 堆溢出①指的是数据溢出缓冲区分配在堆上，堆是由程序运行时的内存块组成，每一个内存块都包含自身内存大小和指向

---

① 资料来源：Common Weakness Enumeration 官网

下一个内存块的指针等信息。虽然堆中没有函数返回地址，但是攻击者可以通过修改堆中的函数指针或指针变量，达到修改程序控制流、执行攻击代码的目的。

图 2-5 中的子图 2-5（a）展示的是一个堆中动态分配和释放的内存块情况[87]。其中，chunk1 是一个已分配的内存块，包含其之前存储的块的大小和它本身的大小信息，User data 部分即提供程序写入数据的 buffer 区域。chunk3 是一个临近 chunk1 且已被释放的内存块，chunk2 和 chunk4 是位于堆中其他任意位置的已被释放的内存块。chunk2、chunk3、chunk4 在一个双向链表结构中，chunk2 是链中的第一个内存块，其前向指针指向 chunk3，后向指针指向链中前一个内存块。chunk3 的前向指针指向 chunk4，后向指针指向 chunk2。chunk4 是链中的最后一个内存块，其前向指针指向了链中的下一个内存块，后向指针指向 chunk3。图 2-5（b）则展示了一个攻击，当 chunk1 中的 User data 部分溢出，攻击者将覆盖重写 chunk3 的管理信息，chunk3 的前向指针被修改指向栈中函数 f0 返回地址的前 12 个字节位置，后向指针被修改指向可以跳转到后几个字节然后执行攻击代码的代码位置（Code to jump over dummy）。当 chunk1 后续被释放，就会和 chunk3 合并成一个大的空闲内存块。由于 chunk3 不再是一个独立的空闲内存块，因此必须首先从空闲结点链表中移除 chunk3。其过程如下：chunk3 -> fd -> bk = chunk3 -> bk，chunk3 -> bk -> fd = chunk3 -> fd。即 fd 指向位置 12 个字节之后的内存位置的值（Return address f0 的地址）会被 bk 指向位置的值（Code to jump over dummy 地址）重写，bk 指向位置 8 字节之后的内存位置的值（dummy 内的地址）会被 fd 指向位置

的值（Local variable f0 的地址）重写。因此图 2 - 5（b）中的返回地址
会被一个指向跳转代码的指针重写，进而越过存储 fd 的地址区域，执
行注入的攻击代码。

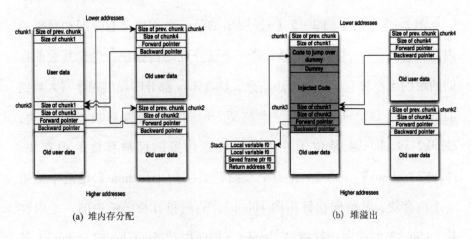

(a) 堆内存分配　　　　　　　　　　(b) 堆溢出

图 2 - 5　堆内存分配与堆溢出示例

● *Out - of - Bounds Read/Write* ①　越界读写指的是使用数组下标
对数组元素进行读写访问时，数组下标的取值超出了数组大小范围而产
生的一种软件缺陷[91]。代码示例如 Listing 2.1 所示，该方法只检查给
定的数组下标 index 是否小于数组的最大长度 len，而不检查 index 是否
大于最小值 0，这将允许接受一个负值（如 - 1）作为输入数组下标索
引，进而导致数组越界漏洞。

---

① 资料来源：Common Weakness Enumeration 官网

```
1  int getValueFromArray(int *array, int len, int index) {
2      int value;
3      if (index < len) {
4      value = array[index];
5      } else {
6      printf("Value is: %d\n", array[index]);
7      value = -1;
8      }
9      return value;
10 }
```

Listing 2. 1　Out – of – Bounds Read 代码示例

- *Integer Overflow* ①　整数溢出是指运用运算操作进行整数表达式值计算时，整数表达式的结果超出了该整数类型所能表示的取值范围的缺陷[92][93]的一种情况。在 C/C + + 语言中，每一个整数类型变量能存放的数值范围都是固定的，其取值范围依赖于该类型的机器码（如二进制补码或二进制反码）和类型的符号（如 signed 或 unsigned）以及类型的宽度（如 16bit 或 32bit）。对于由 N 比特表示的无符号类型，其表示范围是 0 到 $2^N - 1$。当试图用一个大于或小于其取值范围的数值对其进行赋值，或者运用诸如加、减、乘、左移和类型转换等操作使得其结果超出相应的范围时，就会出现整数溢出缺陷。

整数溢出可以分为整数上溢和整数下溢两类，其中整数上溢指的是整数表达式的值超过了该类型所能表示的最大值。例如，两个无符号的 8 位整数的积可能需要 16 位来表示。$(2^8 - 1) * (2^8 - 1) = 65025$，该结果无法被准确地赋值给一个 8 位的整型变量；整数下溢指的是整数表

---

①　资料来源：Common Weakness Enumeration 官网

达式的值小于其最小值，从而异变为最大类型值。例如包含减法的表达式 0 - 1 的值被存储到 16 位无符号整型变量时将会异变为 $2^{16} - 1$，而不是 - 1。整数溢出在一般情况下不会造成安全问题，但是当溢出的整数变量用作其他用途时就容易造成安全问题[94]。

- *Null Pointer Reference* ① 空指针引用指的是对空指针所指向的内存区域进行读写操作而产生的一种软件缺陷[95][96]。空指针引用漏洞代码示例如 Listing 2.2 所示，当 argc 不大于 1 时，ptr 指针为空，会导致空指针引用漏洞，该漏洞会导致程序崩溃。

```
1   int main(int argc, char ** argv){
2       char buf[255];
3       char * ptr = NULL;
4       if (argc>1) {
5           ptr = argv[1];
6       }
7       strcpy(str,ptr);
8       return 0;
9   }
```

Listing 2.2　空指针引用代码示例

- *Double Free* ② 　Double Free 漏洞指的是对指针指向的相同地址进行两次释放（free）操作而产生的软件缺陷[97]。Double Free 漏洞代码示例如 Lising 2.3 所示，当 abrt 为 false 时，指针 ptr 会被释放两次，进而产生 Double Free 漏洞。

---

① 资料来源：Common Weakness Enumeration 官网
② 资料来源：Common Weakness Enumeration 官网

```
1  char* ptr = (char*)malloc (SIZE);
2  if (abrt){
3      free(ptr);
4  }
5  free(ptr);
```

Listing 2.3 Double Free 代码示例

● *Use After Free* [1] Use After Free 漏洞指的是在释放内存之后访问该内存而导致的软件缺陷，该缺陷可以导致程序崩溃，或者被利用进而执行任意代码。Use After Free 漏洞代码示例如 Lising 2.4 所示，当 err 与 abrt 都为 true 时，ptr 在第 4 行被释放之后依旧会在第 8 行被使用，进而产生 Use After Free 漏洞。

```
1  char* ptr = (char*)malloc (SIZE);
2  if (err){
3      abrt = 1;
4      free(ptr);
5  }
6  ...
7  if (abrt) {
8      logError("operation aborted before commit", ptr);
9  }
```

Listing 2.4 Use After Free 代码示例

● *Divide By Zero* [2] 除零漏洞指的是在除运算操作中，被除数为零而产生的漏洞。除零漏洞代码示例如 Listing 2.5 所示，没有验证 y 是否为零，就可能会产生除零漏洞。

---

[1] 资料来源：Common Weakness Enumeration 官网
[2] 资料来源：Common Weakness Enumeration 官网

```
1   double divide(double x, double y){
2     return x/y;
3   }
```

Listing 2.5　Divide By Zero 代码示例

第三节　漏洞检测技术

　　静态分析、符号执行以及模糊测试都是目前主流的漏洞检测技术，经过多年的研究，不断发展。面对软件规模日益庞大的现状，实用的漏洞检测技术以静态分析与模糊测试为主，以符号执行、机器学习等为辅。下面主要介绍静态分析、符号执行、模糊测试技术的基本思想以及研究现状。

（一）静态分析技术

　　静态分析[1][2]指的是对源码、抽象语法树、中间表示等形态的软件制品，进行语法、语义层面的扫描分析，在不执行软件系统的前提下，通过与典型软件缺陷、漏洞模式的匹配，检测其中存在的安全漏洞的一种分析方法。该方法易于实现与部署，具备一定的可拓展性，已被工业界广泛用来提高代码质量，保障软件安全性。市场上也诞生了众多商业工具，如 Coverity[7]、Fortity[8]、Klockwork[9]、Codesonar[10]和 Veracode[11]等。

　　最初的静态分析采用基本的语法分析，代表性的工具有 ITS4[3]、Flawfinder[4]、RATS[5]等。其中，ITS4 由 Cigital 公司于 2000 年发布，其能对 C/C++ 程序的每一个函数进行扫描分析，然后与漏洞库进行匹配，并依据危险等级给出漏洞报告，漏洞库也会随着新漏洞的发现而不断更新。Flawfinder 是 2001 年发布的 C/C++安全审查工具，同样内置了一个漏洞数据库，而且还可用于检测格式化字符串溢出等漏洞。RATS 则支持更多的语言，提供对 C、C++、Perl、Php 以及 Python 语言的漏洞扫描。随着研究的发展，静态分析技术开始采用语义层面的分析技术。如 Splint[98]可以根据用户提供的语义注释信息来检测程序中的安全漏洞。随着数据流分析技术的应用、静态分析技术的发展，出现了 Saturn[99]、PPDdetector[100]等工具。这些工具可以有效地检测出指针误用漏洞，但一直受限于不完备的过程间数据流分析与指针别名分析，直到改进了稀疏值流分析技术[20][21][22][23]，这些工具才逐步应用于复杂软件中。

时至今日，关于软件漏洞检测，静态分析技术的精度与性能依旧是制约其应用与发展的主要因素。众多的研究工作致力于通过数据流分析、污染分析等技术提升静态分析精度，通过稀疏值流分析与并行化技术改善静态分析性能。

1. 提升静态分析精度

（1）数据流分析。数据流分析[2][12][101]基于程序控制流图静态地计算每个程序语句点执行前后可能出现的状态信息。经典的数据流分析理论[102]用有限高度的格来抽象表示所有的可能状态集合，并对每个语句执行都定义一个迁移函数（transfer function），以计算程序在语句执行前后的状态更新。Reps 等人提出了 IFDS/IDS 数据流分析框架，将数据流分析的计算状态信息问题转化为图可达问题[103]，实现了上下文的过程间分析。该方法被广泛运用于安全分析工作[104][105]中。Res 等人后续拓展了该框架[103]。近年来，指针分析[13][14][15]、别名分析[16][17]等技术均可实现。

（2）静态污染分析。静态污染分析[18]通过静态的分析程序源码，追踪程序信息流，来定义可被用户输入操控的数据。相较于动态污染分析[19]，静态污染分析[106]可以实现更高的代码覆盖[107]，但因为缺乏运行时的信息，会丧失一定的分析精度。如 Parfait[108]是一个静态分析工具，其在预处理阶段利用静态污染分析，将污染分析问题转化为图可达性问题[109]。Pixy[110]利用静态污染分析，检测 SQL 注入等漏洞。Safer[111]结合静态污染分析与控制流依赖分析来定位可以外界输入控制的结构体。

2. 改善静态分析性能

（1）稀疏值流分析。传统的数据流分析技术[102]需要基于程序控制流图将所有程序点执行前后的状态信息都进行计算，操作冗余，效率低下。为此，众多稀疏的分析方法被提出，如今无须计算状态信息在每个程序点的更新就可以得到与经典数据流分析相同的结果。代表性的如 SVF[22]是基于 LLVM 实现的一个过程间值流分析框架；PinPoint[23]运用稀疏值流分析技术实现了对大规模程序的快速分析；Smoke[112]基于稀疏值流分析实现了对内存泄露漏洞的大规模检测。

（2）并行化分析。文献[113]提出基于约束图重写（Constraints Graph Rewriting）的并行化指向分析算法。在后续研究中，又提出针对 GPU 实现的并行指针分析算法[114]。Su 等人提出并行化指针分析算法，以及并行指针分析[115]。Rodriguez 等人[116]提出了并行化数据流分析算法。

（二）符号执行技术

符号执行[28][117]使用符号变量代替具体变量值作为程序输入，驱动程序在符号执行引擎中模拟执行，然后收集执行路径对应的约束集合，通过调用求解器来生成实际输入，进而实现程序空间的探索。符号执行在执行过程中，为经历的路径维持一组相应的路径约束集合。当遇到分支时，保存当前的执行状态，使得符号执行有能力走向任意一个分支，并记录下相应方向上与输入符号相关的约束条件，随后添加到对应的执行路径约束集合中。然后，选择另一个分支继续执行。当执行达到程序出口或者既定目标时，调用约束求解器求解执行路径上记录的约束条件，从而得到覆盖该执行路径的实际输入值，即为对应于覆盖执行路径的测试用例。

最初，符号执行仅支持顺序程序上固定长度的简单变量[118]，随着后续的发展，符号执行技术不断应用到数值计算测试[119]、协议分析[120]、漏洞检测等多个方面[52][121][122][123]。随着约束求解器求解能力的提升、符号执行技术的发展[124]，产生了如 EXE[29]、CUTE[30]、KLEE[31]、SAGE[32]、S2E[33]、Angr[34][35]、DART[125] 等一系列符号执行工具。同时，相关研究工作致力于面向不同的系统平台（如 Linux[31]、Windows[32][125]、Debian[126]）、不同的程序语言（如 C/C++[29][31]、Java[127]、Python[128]等）、不同的分析对象（如应用程序、内核驱动[129][130]、固件[36][70][71]等）拓展符号执行技术的应用性。

一方面，随着程序规模的不断扩大与复杂度的不断提高，程序分支数目不断增多，不同分支的组合呈指数级增长，加上程序中的循环、递归等复杂结构的影响，符号执行面临路径爆炸的问题。另一方面，符号执行需要调用求解器对探索路径相关联的约束集合进行求解，但是收集的约束集合常常包含非线性运算、浮点运算和第三方库函数调用等复杂程序特征,现有的约束求解器能力有限,难以有效求解包含这些复杂程序特征的约束。此外,经典的符号执行技术主要适用于 C/C + + 应用程序,面对广泛存在的内核态库函数、操作系统、物联网固件等特定对象,符号执行技术的适用性有限。

路径爆炸问题、约束求解能力限制、特定对象的适应性是制约符号执行技术发展与应用的主要挑战,相关工作围绕缓解路径爆炸、克服约束求解限制、提高符号执行适用性给出了一系列的改进措施。

1. 缓解路径爆炸问题

面对日益庞大的程序规模,甚至无穷的路径搜索空间,在实际应用中符号执行的使用往往限定在一定的阈值之内(如时间或需要探测的路径总数),在限界条件下更好地利用探索程序空间是缓解路径爆炸问题的关键手段之一。为此,相关工作提出了众多的路径搜索制导策略以及路径空间约简法用以提高路径空间搜索效率。

(1)路径搜索制导。Cadar 等人提出了最优优先(Best First)搜索策略[29],在检查完所有待选执行状态之后,基于启发式方法选取一个最优状态进行执行。Majumdar 等人[124]将随机测试与符号执行相结合,从而实现了对更深、更广路径的探索。控制流制导的搜索(Control - flow guided search)[131]通过建立一个带距离权重信息的控制流图,利用控制流图上的距离权重制导路径搜索向最近尚未被覆盖的区域推进。适应性搜索策略[132]通过计算已探索路径和目标之间的适用性值(Fitness Value)以及翻转分支后的适用性增强程度(Fitness Gain)来选择合适的路径探索或分支翻转来覆盖既定目标。世代搜索(Generational Search)策略[133]测试每个执行的所有可能的子执行,并为其评分,选择分数最高的执行。Pex[134] 在符号执行过程中，维护一个已经搜索的执行树，并且每次选择一个可以拓展执行树的分支进行下一步搜索。Garget 等人[135] 首先运用随机测试开始空间探索，在随机测试达到瓶颈时引入符号执行以覆盖新的程序区域。KATCH[136] 根据已有的测试用例集合来指导符号执行，使其可以快速覆盖程序不同区域。Zhang 等人[137] 引入测试约简技术来优化测试用例，通过先执行已有的测试用例来获取对程序进行有效覆盖的测试集，在此基础上指导符号执行探索新的区域。上下文指导的搜索（Context‐guided Search）策略[138] 根据每个执行路径的上下文情况来指导混合执行的过程，使其探索新出现的上下文。eXpres[139] 将动态符号执行技术引入回归测试，指导符号执行探索在新版本上会产生差异的路径。

　　读写集合分析技术（RWset Analysis）[140] 通过追踪程序读写的内存位置来决定一个新路径的探索能否触发新的程序行为，那些和已探索路径效果相同的执行状态将被约简。SMART 技术[141] 采用过程间静态分析事先将符号执行需要探索的一些执行路径进行合并。S2E[33] 支持根据用户的输入需求，对程序中的部分空间进行符号执行。Jaffar[142] 等人将插值方法和符号执行结合，当其他路径达到这些分支并且蕴含同样的插值时，相应的路径会被移除。符号执行遇到循环结构时往往难以处理，不仅是因为所需执行的程序路径数目会爆炸性增长，更是因为很多情况下程序循环的迭代次数和程序输入相关，致使循环内执行路径的数目从理论上说是无穷的[143]。为此，从处理循环出发约简径空间是缓解路径爆炸问题的重要手段，相关研究工作可被归纳为三类：①限制循环的迭代次数，使得符号执行中的循环仅展开有限次。即仅在某个循环上届范围内探讨符号执行的路径覆盖[133][144]。②通过启发式的方法对循环内的执行路径进行随机搜索[132][134]，从而完成一定程序的循环路径覆盖。③通过归纳循环的数学性质（如：循环不变式）来构建循环摘要，并运用循环摘来避免符号执行过程中循环内路径的展开[145][146]。

2. 克服约束求解限制

理论研究已经证明，可以对于任意约束系统进行有效求解的算法是不存在的[147]。以 GNU 科学运算库作为基准包的试验[148]表明，当前的主流非线性约束 SMT 求解器 iSAT 只能处理不到 1% 的路径约束[149]。另一个主流求解器 Z3[150]在拓展了对多变量和非线性约束求解后，也只能处理其中很少的一部分。为了克服约束求解限制，相关工作一方面提出了混合执行技术，另一方面致力于求解算法的优化。

（1）混合执行技术。混合执行技术[124]在遇到非线性运算时，会将涉及非线性运算的变量进行实例化，即用一个具体的值来代替符号变量，带入约束系统中，以消除其中的非线性约束。为此，混合执行能够处理一些已有约束求解器无法处理的约束。但是实例化过程中选取的值具有很大的随机性，不恰当的取值往往会使原来可解的约束变得不可解，因此对于大多数复杂约束集合而言，这一技术带来的改进相对有限。目前，混合执行工具包括 DART[125]、CUTE[30]、KLEE[31]、Crest[131]等。其中，DART 能够处理包含整型和字符型变量的线性约束。CUTE 可以为整数类型、字符类型和指针类型的变量生成测试用例。KLEE 将 C/C++程序转换成 LLVM 的中间表示并将代码对应的约束直接用位运算进行刻画，然后使用位向量求解器 STP[151]进行求解。KLEE 不能处理浮点运算，因为底层的 STP 求解器并不支持浮点运算。Crest

引入了多种搜索策略来提升符号执行的可拓展性，其底层调用求解器 Yices[152]进行约束求解，由于 Yices 是一个面向实数的线性约束求解器，因此不能处理非线性约束系统。

（2）求解算法优化。Ariadne[148]通过求解约束中多项式型函数的零点将非线性约束系统进行线性化处理，再调用 Z3 求解器进行求解。但是由于实数域上任意多项式的求解技术存在较多局限，因此这一技术带来的能力提升也相对有限。启发式搜索技术将被测程序的输入空间编码成便于计算处理的机器表示，并在编码后的空间上构造目标函数与探索准则。这样，测试问题就转化为编码空间上目标函数最大化的搜索问题。最常用的启发式搜索采用遗传算法和模拟退火算法进行制导[153][154][155]。这类算法的主要优势在于可以克服爬山类方法容易限制在局部最优的情况，有更大的概率搜索到可行解[156]。这类方法的主要缺陷在于搜索速度和效率受参数设置的影响较大，而如何找到较好的参数配置缺乏理论上的指导。Concolic Walk 算法[157]尝试将线性约束求解和启发式搜索相结合，将待求解的约束系统分解为线性和非线性两个子系统。先用约束求解求出线性子系统的解多边形，然后在此多边形内用牛顿加速算法计算非线性子系统的可行解。

3. 提高技术的适用性

为了提高符号执行技术的适用性，相关工作致力于符号执行对不同系统平台以及特定对象的支持[28][158][159]。

（1）系统平台支持。DART[125]和 SAGE[32]专门用于 Windows 平台的应用程序分析，且效果显著；S2E[33]利用 Qemu Translator[160]将二进制程序翻译成 LLVM 字节码，再结合 KLEE 实现对二进制程序的分析。

Mayhem[161]使用 BAP 平台[126]将二进制转化成 BIL 中间语言，结合符号执行进行分析，发现了 Debian 系统上大量的软件漏洞。Angr[34]在 VEX 语言上实现了面向二进制的符号执行分析[162]。

（2）特定对象支持。经典符号执行工具只适用于应用软件程序，S2E[33]通过插桩操作系统提供对特权指令的支持，从而实现了对内核程序的分析；DDT[129]在 S2E 的基础上对设备驱动程序相关接口进行有效配置，实现了对设备驱动程序的分析。SymDrive[130]基于 S2E 拓展，符号化分析设备中各种 I/O 操作、DMA 操作、中断操作，并运用静态分析技术约简与设备驱动无关的路径，提升了符号执行分析驱动程序的能力；FIE[36]和 Avatar2[70][71]通过提升符号执行引擎的支持环境，成功应用于嵌入式设备固件程序的漏洞分析。KleeNet[163]基于 KLEE 的改进实现了对嵌入式协议程序的符号执行。

（三）模糊测试技术

模糊测试[40][41][42][164]的核心思想是产生大量有效或半有效的测试输入，然后发送给正在运行的待测试系统，通过监控系统运行状态，发现诸如程序崩溃等安全违反行为与现象，从而达到漏洞检测的目的。现有模糊测试用例生成的方式有两种，即基于生成的方式和基于变异的方式。基于生成的模糊测试工具如 Sulley[44]、Peach[45]、Boofuzz[46]等，一般基于刻画输入数据格式与状态行为的建模来产生测试输入，对于处理高结构化输入的程序而言，该方法有较好的效果。但是，语法格式的描述以及状态行为的建模目前依赖于人工操作，开销较大，同时对于输入数据格式未知的目标程序而言，该方法难以适用。基于变异的模糊测试工具如 AFL[47]、LibFuzzer[48]、HonggFuzz[49]则通过应用一组变异操作，对预先提供的种子测试用例进行修改，进而生成新的测试输入。该方法简洁、实施便捷、规模化程度高，在实践中被广泛采用。根据被测程序内部与运行时信息的利用程度，模糊测试可以分为黑盒、白盒、灰盒模糊测试。其中，黑盒模糊测试技术[44][45][50]将被测程序当作黑盒，只关注程序输入与输出，一般采用随机的测试用例生成方法，因缺乏有效信息的指导而相对低效。白盒模糊测试一般会充分利用程序结构信息，运用如污染分析[51][52]、符号执行[53][32]等技术辅助模糊测试提高效率。但是，由于重量级程序分析技术的开销较大，白盒模糊测试往往面临着规模与性能问题。灰盒模糊测试工具如 AFL、LibFuzzer 和 Hong-gfuzz 则一般对目标程序进行轻量级的程序插桩、运行时收集覆盖度反馈用于模糊测试过程制导，并基于底层遗传算法优化测试用例生成。由于"反馈制导、遗传优化"机制的灵活和有效性，以 AFL 为代表的覆盖度反馈制导的灰盒模糊测试技术已经成为工业界与学术界应用与研究的热点。

覆盖度制导的灰盒模糊测试基本流程如下：首先，插桩被测程序以便收集运行时覆盖度反馈等信息；其次，提供初始化的种子测试用例开始测试目标程序；最后，遵循"反馈驱动，遗传进化"的机制不断优化测试用例生成以便实现程序路径空间的快速覆盖，进而通过诸如程序崩溃等错误触发信号来检测程序中存在的安全漏洞。其中，测试用例的优化过程包括：①采用特定的种子优先选择策略从种子测试用例池（队列）中选择一个测试用例；②运用一定的变异策略对该种子应用预定义的变异操作进行修改，进而产生大量的新的测试用例；③对产生的新的测试用例进行快速执行，并追踪每一个种子执行的代码覆盖与漏洞触发等反馈信息；④如果漏洞触发反馈信号显示该种子的执行使软件程序出现了安全违反行为，则报告相应的漏洞信息，并把触发漏洞的种子保存；⑤如果代码覆盖反馈信息显示该种子带来了新的代码覆盖（如：基本块覆盖、边覆盖、路径覆盖等），则将该种子添加到种子池中，以供下一轮种子的选择、变异、执行、优化的迭代环。相关研究主要致力于运用静态分析[43][165]、符号执行[123][166][167]、机器学习[75][76]等技术实现对模糊测试技术有效性的提升、效率的优化以及特定对象的支持，如智能合约[168][169]、操作系统内核[170]、机器学习系统[171]以及物联网固件[73][74]等。

1. 有效性的增强

有效性衡量的是模糊测试工具越过程序分支障碍以及触发漏洞的元能力。相关的改进工作可以概括如下：

（1）提升种子质量。Skyfire[61]运用机器学习从收集的大量原始输入中学习概率上下文相关文法，并基于该文法模型生成多样性的种子测试用例。Learn&Input[62]利用递归神经网络生成有效的种子文件，并基于训练的模型辅助生成有效越过语法格式检查的测试用例。SmartSeed[63]提出利用额外的种子和对抗神经网络助力种子生成。Faster Fuzzing[172]基于 GAN 对 AFL 生成的触发路径覆盖的测试用例进行对抗学习，进而生成更有效的种子文件。DeepFuzz[173]则利用 Seq2Seq 模型生成有效的 C 程序用于编译器的测试。

（2）提升反馈准确性。Steelix[55]通过增加新的插桩收集 Magic Bytes 比较的进展反馈信息，并持续在有进展的比特上进行变异。CollAFL[54]通过实验展示了 AFL 中反馈不准确（哈希碰撞问题）会制约新路径的有效发现问题，并设计了一种新的插桩表示算法缓解哈希碰撞问题。

（3）改进变异策略。变异策略决定哪里变异以及怎么变异。文献[174]利用数据定义与使用点的静态分析来定位需要变异的原始字节。文献[175]使用深度神经网络学习出变异哪个字节可以触发新的路径。Angora[58]和Vuzzer[59]采用字节级的污染分析技术，推导出特殊的变量值，用于Magic Bytes的变异。文献[176]将Fuzzing问题转化为马尔科夫决策过程，通过Reward函数来优化Agent的Action选择。类似地，文献[177]则将AFL中的测试资源分配问题转化为上下文赌博机问题。NEUZZ[178]基于CNN学习种子字节与程序结构的映射模型，进而基于映射模型构造变异算子。MOPT[179]基于粒子群优化算法探寻最优的变异操作调度策略。

（4）提高漏洞敏感性。模糊测试工具常常依赖于程序崩溃信号来发现漏洞。然而，当漏洞触发时，程序有时并不会崩溃，如数组之后的填充字节被覆盖等。相关研究提出了众多方法用于提升程序对多种漏洞触发的敏感性，如Address Sanitizer[180]和Memory Sanitizer[181]。其机制是通过插桩跟踪内存使用，当遇到不恰当的内存访问时，调用异常处理代码显示错误信号。类似的工作还有Data Flow Sanitizer[182]和Thread Sanitizer[183]等。

2. 效率的提升

效率关注的是相同时间内提升的代码覆盖度，进而提升触发漏洞的概率。相关的改进工作可以概括为如下方面：

（1）优化种子选择。AFL[47]以及LibFuzzer[48]通过优先选择文件较小且执行速度较快的种子来优化执行效率。QTEP[184]优先选择能够覆盖更多由静态分析识别的潜在脆弱路径的种子。AFLFast[64]优先选择触发低频路径的种子，并为其分配更多资源，进而实现高频路径与低频路径测试的资源分配平衡，避免更多的资源浪费在高频路径上。类似的FairFuzz[66]优先选择那些触发低频分支的种子，CollAFL[54]则倾向于选择那些触发区域拥有较多未触发邻居的测试用例。

（2）加快执行速度。AFL[47]本身利用 Linux 系统的 fork 机制加速执行，使得每次运行测试用例不需要重复经过程序初始化的阶段。同时，AFL 支持并发模式，支持多个 fuzzing 实例并行，交互种子队列。另外，AFL 优先选择运行速度快的种子，因此相同时间内可以运行多个测试用例。kAFL[56]以及 PTfuzzer[57]利用新的硬件特性（Intel PT）提升执行效率。Instrim[185]通过控制流分析，过滤掉无关基本块的插桩，进而降低了插桩开销，提高了运行效率。QSYM – UnTracer[186]通过在监测覆盖率增长过程中阶段性地移除已覆盖在基本块上的插桩指令来降低插桩指令带来的执行开销，进而提高执行效率。

（3）增强测试制导。基于制导的模糊测试技术引导模糊测试探测特定的漏洞位置或特定的漏洞类型。AFLGo[187]和 Hawkeye[188]利用距离指标指导 Fuzzer 尽快到达并探测预先给定的代码位置，进而重现该处的漏洞。SlowFuzz[189]优先选择消耗更多计算资源的测试用例，进而指导Fuzzer 检测算法复杂性漏洞。RegionFuzz[65]则基于种子触发的路径语义指标权重制导模糊测试向敏感、复杂、深度以及罕至区域分配更多的测试资源。

3. 特定对象的支持

特定对象的支持是扩大模糊测试技术应用的关键，相关研究致力于将模糊测试技术应用到诸如操作系统内核、物联网固件等对象上进行漏洞挖掘。

（1）面向内核的模糊测试。面向 Kernel 的灰盒模糊测试利用覆盖度反馈指导系统调用序列的生成以及系统调用输入参数的变异，进而检测 Kernel 漏洞。目前的研究工作主要基于 AFL 与 Syzkaller，针对特定对象（如文件系统、驱动程序等），结合静态分析[190][191]、符号执行[192]等技术提高面向 Kernel 的灰盒模糊测试技术的有效性与效率。

- 基于 *AFL* 的 *Kernel* 模糊测试

AFL 是面向用户态应用程序的灰盒模糊测试工具，相关工作将其拓展部署到内核态，用于 Kernel 漏洞检测[193]。TriforceAFL[194]借助于 QE-MU 的全系统模拟对 AFL 进行扩展，实现对 Linux x86_ 64 内核的灰盒模糊测试。类似的，Oracle 公司基于 AFL 与 QEMU 提出了 Kernel Fuzzing[195]。UnicoreFuzz[196]则基于 Unicorn 拓展 AFL 实现了对 Kernel 的模糊测试。Trinity[197]基于规则产生并执行系统调用。KAFL[56]借助 Intel PT 的硬件特性，加速了对 Kernel 运行时覆盖度反馈的收集。JANUS[198]通过变异文件 Meta-data 与文件操作，实现对文件系统两维输入空间的探索。Kinspector[199]通过扩展 AFL 实现了对 macOS 内核 XNU 的灰盒模糊测试。

- 基于 *Syzkaller* 的 *Kernel* 模糊测试

Syzkaller[200]是由谷歌出品的用于 Linux Kernel 漏洞检测的模糊测试工具，除了收集代码覆盖度作为反馈，Syzkaller 还通过预先定义的模板控制探测的系统调用序列。FastSyzkaller[201]利用 N – Gram 模型抽取漏洞程序行为，通过学习的漏洞模式指导 Syzkaller 生成测试用例。DI-Fuze[202]利用静态分析提取驱动程序接口输入的有效信息，实现了接口感知的灰盒模糊测试。MoonShine[190]通过静态分析获取真实程序运行轨迹信息，分析系统调用依赖关系，进而精化 Syzkaller 的初始种子系统调用序列。Razzer[191]利用静态分析预先识别潜在数据竞争点，进而指导模糊测试探测潜在点来检测数据竞争漏洞。文献[170]分析了 Syzkaller 应用于实际企业级 Linux Kernel 时面临的覆盖度支持模块缺失、虚拟机中 Kernel 启动失效、影子缺陷以及持续测试高复杂度等挑战，并提出了相应的解决措施。PeriScope[203]对 Linux Kernel 与设备驱动的交互进行了细粒度的分析，通过建模针对外设的主动攻击行为，辅助模糊测试检测外设驱动漏洞。文献[204]基于运行时验证来检验 FreeRTOS 中的数据竞争和死锁漏洞等并发漏洞。CAB – Fuzz[205]则基于 S2E 实现了对商用操作系统 concolic 的测试。Perf – fuzzer [206]基于领域知识实现了对 Kernel 特定系统调用的模糊测试。

（2）面向固件的模糊测试。面向物联网的灰盒模糊测试，致力于解决现有模糊测试技术，应用到物联网设备漏洞检测时，由于物联网设备的多样性、异构性、复杂性、碎片化等特点而带来挑战。根据测试执行的环境，现有研究工作可以分为基于真实设备的模糊测试，以及基于模拟环境的模糊测试。

● 基于真实设备的测试

RPFuzzer[67]是一个黑盒模糊测试框架，通过向物联网设备发送大量数据包、同时监控设备 CPU 的使用和检查系统日志来检测路由协议的漏洞。文献[68]展示了内存破坏漏洞在嵌入式设备上常常表现的不同的行为，进而影响准确的固件漏洞分析。IoTFuzzer[69]实现了一个基于App 的黑盒模糊测试框架，直接面向物联网设备检测内存错误。

- 基于模拟环境的测试

Avatar[70]及其拓展 avatar2[71]利用真实设备处理固件 IO 交互，基于模拟器执行固件程序，同时将执行过程中遇到的真实外设访问转发到真实设备进行处理，对于一些无法获取的外设硬件，实现相应的软件抽象。FIRMADYNE[72]利用内置修改过的 Linux 内核使基于 Linux 的固件程序可以全模拟执行，并基于该框架实现了大规模的基于 Linux 的固件程序动态分析。基于 FIRMADYNE，FIRM – AFL[73]面向 POSIX 兼容的固件程序，构建了高吞吐量的回合模糊测试工具，实现了基于 Linux 的固件灰盒模糊测试。

第四节　本章小结

本章首先概述了物联网、物联网设备与软件；其次对设备安全以及包括缓冲区溢出、数组越界、整数溢出、空指针引用、Double Free、Use After Free、除零等在内的典型软件漏洞进行了示例分析；最后，详细介绍了主流漏洞检测技术，如静态分析、符号执行以及模糊测试。

第三章

物联网第三方库漏洞检测

库是函数的集合，是软件开发过程中避免重复开发、加速开发效率的重要资源。面向物联网设备的软件开发往往需要调用大量的第三方库。据调查，平均每个物联网设备软件需要调用 23.3 个第三方库，并且物联网安全风险中由第三方库引发的风险占比超过 90%①。软件工程一直致力于在程序开发过程中帮助程序员编写正确的代码，使其满足需求、摆脱缺陷、抵御攻击。对于 C/C++ 程序员来说，面对大量的第三方库，有效保障物联网设备软件开发的安全性尤为困难。第一，C/C++ 程序要求程序员对诸如内存操作等安全敏感操作进行关键性保护的决策；第二，即使是资深的编程人员，由于缺乏对安全保护的充分认识，也会在对安全敏感操作的保护实施中出现疏忽；第三，对第三方库调用有限场景情况的考虑，难以设计并实现全面的安全保护措施。本章将详细介绍针对物联网第三方库中数据操作检测缺失漏洞的检测问题提出的污染数据驱动的漏洞静态分析方法。

---

① 腾讯安全科恩实验室. 2018 年 IoT 安全白皮书 [EB/OL]. 看雪官网，2019 - 04 - 03.

第一节 问题与挑战

漏洞检测一直是提升软件安全性的重要手段之一。然而，理论研究已经证明一种全自动化的精确检测所有类型漏洞的算法并不存在[207]。为此，目前的研究工作主要集中在运用静态分析[208][209][210]、污染分析[106][211]、符号执行[117][144]、混合执行[138][212]、模型检验[213][214][215]与模糊测试[42][53]等各种静、动态技术挖掘特定类型的漏洞，如缓冲区溢出[216][217]、整数溢出[92][218]、空指针引用[219][220]、Use-After-Free[221][222]、数组越界[223][91]等。

然而，造成上述众多高危安全漏洞的根本原因之一，是对程序中在安全敏感操作中使用外界可操控的不可信数据之前缺乏恰当的检查。CVE-2013-0422是一个在 Java 7 中由检查缺失引起的漏洞，该漏洞被攻击者利用进行恶意软件的传播，感染了百万台主机①。检查缺失端之间属于"A7-不充分的安全保护"，已经于 2017 年被 OWASP 列为 Top10 的安全风险之一②。因此，有效地检测检查缺失漏洞是提升物联网设备软件安全性的关键。

示例 Listing3.1 显示的是一个包含四种检查缺失漏洞的代码示例。其中，dividend、operand、index 和 len 是不可信数据，可被外界输入（如 i 和 upMsg）控制。它们在四种安全敏感操作（除运算、

---

① 资料来源：CVE 官网
② 资料来源：OWASP 官网

模运算、数组下标访问和敏感 API 调用）中被使用并且缺乏相应的保护检查。

1. 对除运算操作数的检查缺失 不可信的数据 dividend 在第 8 行被用作除运算的被除数，缺乏相应的检查以确保被除数不为零，有可能导致一个除零错误。

2. 对模运算操作数的检查缺失 不可信的数据 operand 在第 16 行被用作模运算的操作数，缺乏相应的检查以保障该操作数不为零，有可能引发一个模零错误。

3. 对数组访问下标的检查缺失 不可信的数据 index 在第 23 行被用作数组下标，缺乏相应的检查以确保该下标的值在数组大小范围之内，有可能出现数组越界漏洞。

4. 对敏感 API 调用参数的检查缺失 不可信的数据 len 在第 31 行被用作敏感 API 函数（memcpy）的实参，缺乏相应的检查以确保 len 小于 MAX_ LEN，有可能造成缓冲区溢出漏洞。

研究问题 如何有效地检测第三方库程序中的检查缺失漏洞？

目前，关注检查缺失漏洞检测的研究工作主要有 Chucky[224] 以及 RoleCast[225]。Chucky 基于机器学习（异常检测算法）检测对于安全敏感 API 使用的检查缺失，其假设是相较于对关键对象存在的恰当检查而言，检查缺失是极其罕见的。然而，来自工业界的反馈显示这一假设并不成立，尤其在开发阶段，对安全敏感操作中使用的关键数据的检查缺失是非常普遍的现象。RoleCast[225] 在不需要授权规约描述的情况下实现了对 Web 应用程序静态认证检查缺失漏洞的检测。其利用通用的软件工程模式与角色相关变量的一致性分析算法检测针对授权的检查缺失漏洞。然而，RoleCast 只能对 PHP 编码的 Web 应用进行分析，无法对 C/C++ 程序进行处理。

```
1    #define MAX_LEN 100;
2    char array[MAX_LEN];
3
4    void DIV_msg(int i, MSG* msg){
5      int quot;
6      int dividend = msg->msg_len;
7      // if(dividend == 0 ) return;
8      quot = (i / dividend);            /* dividend may be equal to zero */
9      printf("quot is: %d\n", quot);
10   }
11
12   void MOD_msg(int i, MSG* msg){
13     int quot;
14     int operand = msg->msg_len;
15     // if(operand == 0 ) return;
16     quot = (i / operand);             /* operand may be equal to zero */
17     printf("quot is: %d\n", quot);
18   }
19
20   void ARRAY_msg(int i, MSG* msg){
21     int index = i + msg->msg_len;
22     // if(index >= MAX_LEN || index < 0) return;
23     array[index] = msg->msg_value;    /* index may be out of array bound */
24   }
25
26   void FUNC_msg(MSG* msg){
27     char* buf=(char*)malloc(MAX_LEN);
28     if(buf == NULL) return;
29     int len = msg->msg_len;
30     // if (len > MAX_LEN) return;
31     memcpy(buf, msg->msg_value, len);   /* len may be larger than MAX_LEN */
32   }
33
34   void EntryFun(int i){
35     // get msg from outside
36     MSG* upMsg =recvmsg();
37     DIV_msg(i, upMsg);
38     MOD_msg(i, upMsg);
39     ARRAY_msg(i, upMsg);
40     FUNC_msg(upMsg);
41   }
```

Listing 3.1　检查缺失漏洞代码示例

面临挑战　面向物联网第三方库实现检查缺失漏洞检测需要解决三个关键问题：

- 如何有效定位软件代码中的安全敏感操作？
- 如何有效判定敏感操作中使用数据的可利用性？
- 如何有效界定检查缺失漏洞并评估其风险程度？

第二节　污染数据驱动的漏洞静态分析

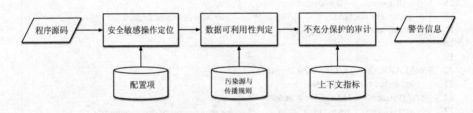

图3-1　污染数据驱动的漏洞静态分析

为了对检查缺失漏洞进行有效检测，我们提出了污染数据驱动的漏洞静态分析方法。通过安全敏感操作定位、数据可利用性判定和不充分保护的审计，对 C/C++编写的软件源码制品进行分析，检测其中存在的高风险检查缺失漏洞。如图3-1所示，该方法的核心技术包括：①安全敏感操作定位；②数据可利用性判定；③不充分保护的审计。检查缺失漏洞的检测过程如下：首先，基于程序抽象语法树、函数调用图、控制流图以及配置项运用轻量级的静态分析定位安全敏感操作。然后，通过过程间静态污染分析判断安全敏感操作中使用的数据是否是可污染的，以此来界定其是否可被外界输入操控。接着，如果敏感数据是可被污染的，我们将通过后向数据流分析判断程序中是否存在对该不可信数据的保护检查；如果不存在，我们定位到一个检查缺失漏洞，并通过抽取该检查缺失漏洞所在上下文的安全指标来计算其风险程度。最后，给出高风险检查缺失漏洞的详细信息，如 Listing3.2 所示。

```
1    </Event>
2      <file>C:/src/tainted_mem.c</file>
3      <Callerfunction>FUNC_msg</Callerfunction>
4      <SensitiveOp>memcpy</SensitiveOp>
5      <Description>
6        [memcpy] is a sensitive operation using tainted data:[len]
7        Location : [C:/src/tainted_mem.c:34:15.]
8        Call Stack: EntryFun; FUNC_msg; memcpy;
9      </Description>
10     <riskDegree>75<riskDegree>
11     <line>35</line>
12   </Event>
```

Listing 3.2　检查缺失漏洞警报信息

我们以 Listing3.1 中的示例来展示污染数据驱动的漏洞静态方法检测检查缺失漏洞的过程。代码实例中第 34 行的函数 EntryFun 是入口函数，其分别调用了 recvmsg、DIV_ msg、MOD_ msg、ARRAY_ msg 和 FUNC_ msg 函数。其中，recvmsg 是库函数，负责从外部接收消息输入。首先，基于轻量级的静态分析与用户提供的配置文件，安全敏感操作（第 8 行的除操作、第 16 行的模操作、第 23 行的数组下标访问操作以及 31 行的敏感 API 调用）以及这些敏感操作中使用的数据（dividend、operand、index、buf 和 len）将被定位。敏感 API 调用如函数 memcpy 及其需要检查的实参 buf 和 len 是基于用户配置文件获取的。形如"*memcpy* : 0 +2"的配置项表示 memcpy 函数调用的第一和第三个实参是敏感数据，需要进行污染分析判断其是否可被外界操控。接着，基于过程间静态污染分析判断敏感数据是否是可污染的，进而确定其是否可被外界输入操控。其中，upMsg 是黑名单中库函数 receive 的返回值，因为我们默认黑名单中的所有库函数的返回值都是污染的，所以其返回值是污染的。局部变量 dividend、operand、index 和 len 都是污染的，因为基于表 3 – 1 所列的污染传播规则，它们分别在第 6、14、21 和 29 行受到污染源数据 i 和 upMsg 的影响，即这些变量都有可能被外界输入操控。下一步，通过探索不可信数据在敏感操作使用之前是否存在保护来定位检查缺失漏洞。以参数 len 为例，其被 memcpy 使用前不存在对 len 以及相关表达式 msg→msg_ len 恰当的范围检查（如第 30 行注释中所示）。所以该敏感操作使用不可信数据的地方被标记为检查缺失漏洞。我们抽取该检查缺失漏洞所在函数的上下文安全指标（如表3 – 2所示）并计算其风险程度。最后，如果该风险程度高于用户配置的阈值，则输出该高风险的检查缺失漏洞的详细信息。

（一）安全敏感操作定位

如何有效地定位安全敏感操作是检测检查缺失漏洞的第一个挑战。我们提出了安全敏感操作定位技术，基于目标程序的抽象语法树以及用户提供的配置文件信息，运用轻量级的静态分析实现安全敏感操作的定位。

配置信息的形式如 Listing 3. 3 所示，其中 CheckItem 表示安全敏感操作的配置项，由安全敏感操作类型 *Type*、操作列表 OpList 以及操作使用的参数列表 ArgList 构成。如果敏感操作的类型是 API 调用（FUNCTION），那么 OpList 就是一系列的 API 函数签名。如果类型是其他 OTHERS，那么 OpList 就是一组表达式，诸如除运算、模运算、数组访问等。参数列表 *ArgList* 标志的是安全敏感操作中需要检查的敏感数据位置。例如，如果安全敏感操作是一个 API 调用，那么其配置项的形式就如下所示。

FUNCTION：*Name*：*Args*

其中，*FUNCTION* 表示该安全敏感操作的类型是函数调用。*fName* 是一系列函数签名，包括内存相关函数（如 malloc、memset、memcpy 等），字符串相关函数（如 strcpy、strncpy 等）以及自定义函数等。*Args* 表示需要进行可利用性判断的实参位置。其中"0"表示第一个参数，"–1"表示所有参数。我们可以通过"+"符号配置多个需要检查的参数，如"0 + 1"表示该函数的第一个和第二个实参都需要判断是否是可污染的。

```
1  CheckItem   ::=   Type: OpList : ArgList
2  Type    ::=   FUNCTION: OTHERS
3  OpList   ::=   ExprType^{+}
4  ArgList   ::=   NUMBER^{+}
```

Listing 3.3 检查缺失漏洞检测配置文件

我们以针对敏感 API 使用的检查缺失漏洞检测为例，说明如何定位安全敏感操作（注：后续方法的描述都以 API 调用的检查缺失漏洞为例，其他类型的检查缺失漏洞检测方法类似）。基于静态分析的安全敏感操作定位过程如下：首先，为每一个函数的抽象语法树构造控制流图。其次，通过遍历控制流图中每一个基本块的每一个语句来定位函数调用。再次，通过检查该函数调用语句中的被调用的函数签名是否与配置文件中的安全敏感 API 函数相匹配来定位安全敏感操作。最后，根据配置文件中 *Args* 项描述的函数参数位置可以定位需要进行可利用性判定的敏感数据。

（二）数据可利用性判定

表 3-1　污染传播规则

类型	规则
stmt s	$\Gamma \xrightarrow{s} \Gamma'$
expr e	$\Gamma(e) \to \tau \wedge \Gamma(\text{constant}) = U$
$e_1 \Diamond_b e_2$	$\Gamma(e_1) = \tau_1, \Gamma(e_2) = \tau_2 \Rightarrow \Gamma(e_1 \Diamond_b e_2) = \tau_1 \oplus \tau_2$
$\Diamond_u e$	$\Gamma(e) = \tau \Rightarrow \Gamma(\Diamond_u e) = \tau$
$e_1 \Diamond_m e_2$	$\Gamma(e_1) = \tau \Rightarrow \Gamma(e_1 \Diamond_m e_2) = \tau$
$e_1 [e_2]$	$\Gamma(e_1) = \tau \Rightarrow \Gamma(e_1[e_2]) = \tau$
$e_1 \leftarrow e_2$	$\Gamma(e_2) = \tau, e_1 \leftarrow e_2 \Rightarrow \Gamma(e_1) = \tau$
$\&e_1 \leftarrow e_2$	$\Gamma(e_2) = \tau, \&e_1 \leftarrow e_2 \Rightarrow \Gamma(e_1) = \tau$
$s; s'$	$\Gamma \xrightarrow{s} \Gamma_1, \Gamma_1 \xrightarrow{s'} \Gamma_2 \Rightarrow \Gamma \xrightarrow{s; s'} \Gamma_2$
if	$\forall e' \in \text{assigned}(s) \cup \text{assigned}(s'), \Gamma_3(e') = \Gamma(e) \oplus \Gamma_1(e') \oplus \Gamma_2(e')$
while	$i = 0, Do \ \forall e' \in \text{assigned}(s), \Gamma_i(e') = \Gamma(\text{expr}) \cup \Gamma_i(e'); i++;$ Until $\Gamma_i == \Gamma_{i-1}$
call_ func	$\Gamma(e_1) = \tau_1, \cdots, \Gamma(e_n) = \tau_n, \Gamma_{g(id_1 \leftarrow e_1, \cdots, id_n \leftarrow e_n)} = \tau, \Gamma \xrightarrow{\text{expr} \leftarrow \text{call } g} \Rightarrow$ $\Gamma'_{[\text{expr}:\tau \mid G(id_1 \leftarrow \tau_1, \cdots, id_n \leftarrow \tau_n)]}$

　　如何有效地判定安全敏感操作中使用数据的可利用性，是检测检查缺失漏洞需要解决的第二个关键问题。我们提出了敏感数据可利用判定方法，克服了这一挑战。首先，基于过程内污染分析获取函数内局部变量与实参之间的污染关系；然后，基于过程间污染分析，遍历逆拓扑排序函数调用图，将入口函数的污染情况传播给相应函数的实参。我们将所有来自外部的输入数据都标记为污染的，污染源可以形式化表示为：

$$\zeta = \{x \mid x \in ArgsEntry \cup ApiRet\} \qquad (3-1)$$

其中，$ArgsEntry$ 表示入口函数的参数集合，$ApiRet$ 表示 API 调用的返回值。我们通过白名单与黑名单配置 API 调用返回值的默认污染情况，白名单中的 API 函数返回值默认是不污染的，而黑名单中的 API 函数返回值默认是污染的。

集合 $\tau = \{T, U\}$ 表示静态污染分析的污染类型域，其中 T 和 U 分别代表污染类型（tainted）和非污染类型（untainted）。程序中全部变量集合为 $Vars = LocalVars \cup FormalParams$，其中 $LocalVars$ 表示该函数中所有局部变量集合，$FormalParams$ 是所有函数形参集合。我们定义污染环境 $\varGamma$ 为一个变量 $Vars$ 到其污染类型 τ 的映射关系：

$$\varGamma : Vars \longrightarrow \tau \qquad (3-2)$$

如果变量 x 在当前程序点的污染环境是 $\varGamma$，那么它当前的污染类型可以表示为 $\varGamma(x)$。在程序开始执行之前，默认所有的变量都是非污染的。程序每执行一条语句就会产生一个新的污染环境。一个污染环境相当于程序中变量集合在特定时刻污染状态的描述。

我们定义了二元操作 $\oplus : \tau \times \tau \rightarrow \tau$ 来处理包含多个变量的表达式的污染情况。

$$x \oplus y \begin{cases} Ux = U \wedge y = U \\ Tx = T \vee y = T \end{cases} \qquad (3-3)$$

其中，x 和 y 是一个表达式运算符左、右两边的子表达式，U 表示污染状态为假，T 表示污染状态为真，操作符 $\oplus$ 用来计算表达式的污染类型，只要一个表达式的污染类型依赖于其他表达式，就可以用该操作符进行计算。二元操作 $\oplus$ 会基于左右变量表达式的污染

55

情况，计算整体表达式的污染状态。例如表达式 *expr1*，*expr2* 的污染状态分别为 *t1*，*t2*，则表达式 *epxr3* = *expr1* + *expr2* 的污染状态为 $t3 = t1 \oplus t2$.

为了支持过程间污染分析，我们在污染环境中保存了函数返回值与形参的污染依赖关系。函数被调用时，根据函数调用使用实参的污染状态以及污染环境中保存的污染依赖关系，可以计算出函数返回值的实际污染类型。我们为每一个函数都构造了一个污染类型变量 $G(x_1, x_2, \cdots, x_n) = \Gamma(x_1) \oplus \Gamma(x_2) \oplus \cdots \oplus \Gamma(x_n)$，表示该函数返回值的污染类型依赖于当前函数形参 $x_1, x_2, \cdots, x_n$ 的污染类型。$\oplus$ 操作应用于污染环境 Γ 和关系所示如下：

$$\Gamma = \Gamma 1 \oplus \Gamma 2 \Leftrightarrow \forall x \in Vars, \Gamma(x) = \Gamma 1(x) \oplus \Gamma 2(x) \quad (3-4)$$

令 *Funcs* 是目标程序中的函数集合，我们为每一个函数赋予一个污染环境 Γ，用于维护函数内所有局部变量的污染类型，函数返回值与包括函数形参在内的所有变量之间的污染关系。首先，为每一个形参 *x* 赋予一个污染类型变量 $G(x)$，创建 *ret* 用以保存函数返回值的类型，返回值的污染类型是由各个实参与局部变量的污染状态 τ 组合而成，该函数的污染环境可以表示如下：

$$\Gamma_{func} : ret \rightarrow (Vars \rightarrow \tau) \quad (3-5)$$

初始阶段，程序的污染环境集合只包含库函数的污染类型，随着程序的执行，根据表 3 - 1 中的污染规则（注：其中的 *s* 表示程序语句；*e* 表示表达式；$\Diamond_b$ 和 $\Diamond_u$ 代表典型的二元与一元操作；$\Diamond_m$ 包含"."和"→"表示成员操作；[]表示数组访问）进行污染传播，更多函数的污染环境被加入集合中。算法 3.1 展示了对每一个函数进行分析并获取该函数污染环境的过程。

算法 3.1 AnalysisCFG （IN，OUT，fEnv，CFG）

输入：基本块入口污染环境 IN ［ ］，出口污染环境 OUT ［ ］，函数污染环境 fEnv

输出：分析过的函数污染环境 fEnv′

1： while 某个基本块的 OUT 污染信息发生变化 do

2：　　for all B do

3：　　　　$IN[B] = OUT[B_{p1}] \oplus OUT[B_{p2}] \oplus \cdots \oplus OUT[B_{pm}]$；// B_{pi} 为 B 的前驱

4：　　　　$OUT[B] = AnalysisBlock(IN[B])$

5：　　end for

6： end while

过程间的污染分析是基于入口函数入参的污染状态类型得到整个程序的每个函数中变量表达式的污染状态。首先，我们通过深度优先搜索遍历程序的函数调用图，构造逆拓扑排序的函数调用图。接着，基于构造的逆拓扑函数调用图，应用算法 3.2 将入口函数的污染信息传播到各个被调用函数的实参，进而得到所有函数中表达式的污染类型信息状态。

算法 3.2 BFSTaintSpread （fEnvs，CG）

输入：CG：逆拓扑排序的函数调用图；$fEnvs$：初始化的函数污染环境

输出：$fEnvs'$：更新后的函数污染环境

1： for allv ∈ CG do

2： color［v］= WHITE

3： end for

4： s = CG. start （）

```
5： color［s］ = GRAY
6： ENQUEUE（Q, s）
7： whileQ ! = EMPTY do
8： u = DEQUEUE（Q）
9： for allv ∈ callee（u）do
10： TaintPropagationThroughCall（u, v）
11： end for
12： ifcolor［v］= = WHITE then
13： ENQUEUE（Q, v）
14： end if
15： color［u］= BLACK
16： end while
```

如算法 3.2 所示，输入是函数调用图 *CG* 以及初始化的函数污染环境 *fEnvs*。该污染环境存储了每一个函数中所有局部变量与形参的污染关系。输出是更新后的污染环境，存储了每一个函数中所有局部变量与实参的污染关系。该过程间污染分析从函数调用图的入口函数开始，通过广度优先搜索算法遍历函数调用图，入口函数的实参设置为污染的，在遍历过程中依次将入口函数入参的污染状态，传播给其他函数的形参。结合初始化函数污染环境中记录的局部变量与形参的污染关系，进而可以得到每个函数中所有局部变量与表达式的污染类型状态。

过程内与过程间污染分析的结果主要包括：①每个函数中的局部变量与函数形参的污染依赖关系；②函数形参与污染源的污染依赖关系。基于上述结果，我们建立污染数据池，用以记录所有程序变量表达式的污染情况。该污染数据池可以形式化地表示为从表达式 $e \in Exprs$ 与其所在上下文环境$\xi(e)$ = （*FunctionDecls*，*Blocks*，*Stmts*）到其污染类型的一个映射关系。

$$\Theta：（FunctionDecls，Blocks，Stmts，Exprs）\rightarrow \tau$$

基于该映射，我们提供了污染类型查询接口 *isTainted*（*func*，*block*，*stmt*，*expr*）。该接口可以基于污染分析结果以及污染类型推到规则返回给定变量的污染类型。我们只需要提供该变量表达式相关的信息，包括函数声明、所在基本块、所在语句以及表达式本身。

（三）不充分保护的审查

如果一个安全敏感操作中使用了污染数据，那么它就有可能被攻击者利用。我们提出了不充分保护的审查技术，实现了对安全敏感操作中使用的污染数据进行不充分保护的存在性与风险性审查。该技术主要包含：①探索是否存在对该污染数据的保护检查；②基于该安全敏感操作所在函数上下文指标，评估该检查缺失漏洞的风险程度。

我们应用后向数据流切片技术对敏感数据所在函数内部以及该函数的调用者进行分析，检查是否已经存在对该敏感数据的保护检查。为了实现探索空间的可控性，我们通过配置文件描述检查控制需要探索的函数调用层数，其形式如下所示：

$$CheckLevel：N$$

该配置项 N 决定了从敏感操作所在函数开始，沿着函数调用图的一条路径，需要向上探索多少层函数调用者。当 *CheckLevel* 为 "0" 时，对于安全保护的存在性检查限定在调用安全敏感操作的函数体内进行。当 *CheckLevel* 设置为 "1" 时，需要探索调用安全敏感操作的函数以及调用函数的父节点调用函数。

保护检查的存在性探索策略如图 3 - 2 所示，从使用污染数据的安全敏感操作所在函数（灰色节点）开始，基于设定的检查层级 N，沿着函数调用图的一条路径，自底向上运用后向数据流分析技术，探索判断相应的函数体内是否存在保护检查。首先，标记敏感操作中使用的数据为污染源，自底向上地沿着函数调用图进行数据流分析。如果在规定的层数内，在某个函数体内发现了条件判断语句（如 *IfStmt*、*WhileStmt*、*ForStmt*、*SwitchStmt*），并且判断条件中包含污染的敏感数据，那么就认为存在相应的保护检查（如黑色节点）。如果沿着一条路径上（如虚线所示），所有函数体内的条件表达式中都不包含相应的污染数据，就认为不存在安全保护检查，这也意味着定位到一个检查缺失漏洞。

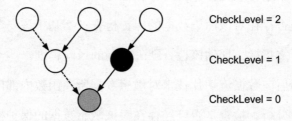

图 3 - 2   检查缺失存在性探测的函数调用层数

如何有效地定义恰当的保护检查，是进行检查缺失漏洞识别的另一个关键问题。对于除、模运算而言，相应的判断条件较为简单，即操作数不为零即可。对于数组下标访问，其条件是数组的大小边界。但是对于敏感 API 使用，其条件是多样的，不同的函数对参数的使用要求可能完全不同，难以拥有统一的定义。为此，我们对于敏感 API 使用的检查缺失判定条件设定为：如果污染数据出现在了检查语句条件表达式中，我们就认为存在恰当的保护检查。这种定义方式并不精确，但是在实际应用中是有效的。采用这种设定的假设是：如果程序员已经意识到需要对该处使用的安全敏感操作及其中使用的敏感数据进行检查，并且已经写了检查，那么该程序员应该可以书写正确的保护检查条件。

检查缺失漏洞是不充分安全保护的重要指标，但是检查缺失漏洞并不一定可被外界攻击者利用产生安全风险。换言之，检查缺失漏洞在某些上下文环境中可能极端危险，但是在某些上下文环境中是可被接受的。因此，有必要根据其所在的上下文环境评估检查缺失漏洞的风险程度。

我们基于上下文安全指标提出了检查缺失漏洞风险性评估方法，核心思想是：如果该检查缺失漏洞所在函数的复杂程度越高，那么该检查缺失漏洞的风险程度就越高，一旦被攻击者利用造成的安全威胁就会越严重。我们通过静态分析抽取检查缺失漏洞所在函数的相关上下文安全指标[226]（如表3-2所示），按照公式3-6计算其风险程度。

$$riskDegree = \sum_{i=1}^{N} rContexMetric(i) \qquad (3-6)$$

当计算所得的风险程度高于用户配置的可接受阈值，则输出检测到的检查缺失漏洞的详细信息。因此，该风险指标可用于过滤检查缺失漏洞警告的数量。

第三节　相关工作

Chucky[224] 和 RoleCast[225] 是目前检查缺失漏洞检测的主要研究者。Chucky 运用机器学习中的异常检测算法，结合过程间污染分析，针对 C/C++ 程序中的敏感 API 使用的检查缺失漏洞进行分析。该工作声称的假设是检查缺失现象对于安全关键对象而言是罕见现象。但是该假设对于开发阶段的代码并不成立。相较而言，我们提出的污染数据驱动的漏洞静态分析方法，利用过程间的静态污染分析定位检查缺失漏洞，并且可以对更多类型的安全敏感操作实现检查缺失满洞检测，包括除运算、模操作以及数组下标访问。RoleCast 在不需要规约的情况下，采用统一的网络应用模式，识别网络应用中的安全相关事件（如数据库读写）等，然后基于软件工程模式与基于角色的一致性分析算法检测针对授权的检查缺失漏洞。该方法严格限定于对 PHP 编码的网络应用。相较而言，我们的方法面向 C/C++ 实现的物联网第三方库程序，可以以极低的时空开销（如 10 分钟分析 50 万行代码，最低内存消耗只需 300M）有效检测多种类型的检查缺失漏洞，平均误报率为 13.23%，优于 Chucky 与 RoleCast，其中时间开销是 Chucky 的 1/4。

表 3 – 2　函数上下文安全指标

序号	指标	描述
01	Num_ Arithmetic_ Op	函数中基本算数运算符（如 +、–、*、% 等）的数目
02	Num_ Shift_ Op	函数中移位操作（如：≫、≪）的数目
03	Num_ Bit_ Op	函数中比特操作（如：&、|）的数目
04	Num_ Pointer_ Var	函数中指针类型变量的数目
05	Num_ Array_ Var	函数中数组类型变量的数目
06	Num_ UserDefine_ Var	函数中用户自定义类型变量数目
07	Num_ BasicType_ Var	函数中基本类型（如：int、char、string 等）变量数目
08	Num_ Local_ Var	函数中局部变量数目
09	Num_ Global_ Var	函数中全局变量数目
10	Num_ Para_ Var	充当函数形参的变量数目
11	Num_ Para_ Expr	充当函数形参的表达式数目
12	Num_ Taint_ Para	函数中污染类型变量表达式数目
13	Num_ BasicArith_ ParaExpr	充当函数形参的表达式中的基本运算操作数目
14	Num_ ShiftOp_ ParaExpr	充当函数形参的表达式中的移位运算操作数目
15	Num_ BitOp_ ParaExpr	充当函数形参的表达式中的比特运算操作数目
16	Num_ Sizeof_ ParaExpr	充当函数形参的表达式中的 sizeof 函数数目
17	Num_ Loop	函数中循环的数目
18	Num_ NestedLoop	函数中嵌套循环的数目
19	Num_ BasicVar_ InLoop	出现在循环中的基本类型变量数目
20	Num_ ArrayVar_ InLoop	出现在循环中的数组类型变量数目
21	Num_ PointerVar_ InLoop	出现在循环中的指针运算操作数目
22	Num_ UserDefineVar_ InLoop	出现在循环中的自定义类型变量数目
23	Num_ PointerArith_ InLoop	出现在函数中的指针运算操作数目

续表

序号	指标	描述
24	Num_ PointerArith_ Function	出现在循环中的指针运算操作数目
25	Num_ Return_ Var	出现在函数返回语句中的变量数目
26	Num_ FunctionCallExpr	函数中自定义函数调用的数目
27	Num_ LibraryCallExpr	函数中库函数 API 调用的数目
28	Num_ Sensitive_ CallExpr	函数中敏感函数调用的数目
29	Cyclomatic Complexity	函数的圈复杂度
30	Num_ Instrction	函数中指令的数目

第四节　本章小结

我们提出了污染数据驱动的漏洞静态分析方法。首先，提出了安全敏感操作定位技术，运用静态分析实现了对物联网第三方库程序中安全敏感操作的有效定位。然后，提出了敏感数据可利用性判定技术，运用过程间静态污染分析，实现了对安全敏感操作中使用的数据是否可被外界操控的有效判定。最后，提出了不安全保护的审查技术，运用后向数据流分析实现了对检查缺失漏洞的有效界定，并基于上下文安全指标实现了对检查缺失漏洞风险性的有效评估。实验评估（见第七章第一节）表明该方法可以有效检测物联网第三方库中的高风险检查缺失漏洞。

第四章

物联网通信协议漏洞检测

通信协议（如 TLS、SSL 等）是保障各类物联网设备在不可信的网络中实现安全通信、数据交互的基础。然而，通信协议的设计与实现极易出错，可靠性与安全性难以保障。随着新一代通信技术的飞速发展，越来越多的物联网设备接入网络，广泛部署在众多安全攸关领域。根据 GSMA [①] 的官方统计，全球联网的物联网设备数量到 2050 年将高达 252 亿。时至今日，我们的网络空间已经被数以亿计的低功耗物联网终端节点统治。海量的物联网终端设备暴露在互联网上，基于各种通信协议与外界环境进行交互，由于缺乏完善的保护机制，一旦被攻击者利用，将会造成灾难性的后果。典型的如震网病毒攻击、Mirai 僵尸网络、BrickerBot 恶意软件等，它们的共同特点是在不接触设备的情况下，基于通信方式远程取得设备的控制权，而其能够得逞的根本原因是物联网设备中的通信协议程序存在安全漏洞。因此，有效地检测物联网通信协议中存在的安全漏洞是提升物联网设备安全的关键。本章将详细介绍我们针对通信协议漏洞检测问题提出的智能感知驱动的灰盒模糊测试方法。

---

① 资料来源：GSMA 官网

第一节 问题与挑战

模糊测试[41][43][40]是实际安全漏洞检测最有效的技术之一，已经被 Google[228]和 Microsoft[229]等公司用于提高其软件产品的可靠性与安全性。以 AFL[47]、LibFuzzer[48]和 Honggfuzz[49]为代表的灰盒模糊测试更是在各类应用程序的漏洞检测中取得了令人瞩目的成绩，发现了众多安全漏洞。灰盒模糊测试技术一般采用轻量级的程序插桩收集运行时覆盖度反馈信息来制导模糊测试过程，并基于遗传算法优化测试用例生成。由于覆盖度反馈制导机制的灵活性与有效性，灰盒模糊测试技术已然成为学术界与工业界研究与应用的热点。众多研究工作致力于运用静态分析[54][165][187]、污染分析[51][58][59]、符号执行[32][53][123][230]以及机器学习[62][175][231][232]等技术改进灰盒模糊测试技术的效率。

研究问题 如何提高基于 AFL 的灰盒模糊测试技术对物联网通信协议程序进行漏洞检测的效率?

尽管基于 AFL 的灰盒模糊测试技术在一般应用程序的漏洞检测方面效果显著，但是物联网协议程序不同于一般的应用程序，往往有着显著特征，主要包括:

1. 高度结构化输入 协议程序接受与处理的输入往往都是高度结构化的数据包，有着严格的语法格式要求。

2. 网络交互接口 协议程序往往基于网络接口与外界环境进行持续交互，通过 IP 与端口进行数据交互。

3. 基于状态的响应　协议程序在持续交互过程中需要保持内部状态信息，对接收数据的响应依赖于协议程序当前所处的状态。

面对上述协议特征，目前基于 AFL 的灰盒模糊测试技术应用到物联网协议漏洞检测时存在以下局限：

1. 协议模型无感　基于 AFL 的灰盒模糊测试采用变异生成的测试生成方式，适合处理扁平化的非结构化输入，无法对高度结构化的协议数据包的语法格式进行智能感知，因而会产生大量无法越过语法检查阶段的测试输入，难以探测协议程序深处的语义功能。虽然现有的黑盒模糊测试工具如 Sulley[44]、Peach[45] 和 Boofuzz[46] 支持以规约形式描述协议语法与状态，但是没有与 AFL 有机结合，并且手动构建协议规约开销巨大。目前 AFL 并不支持基于网络接口与被测系统进行交互，虽然有一些尝试性的改进工作如 Preeny[233] 与 afl − network[234] 支持程度上的网络交互，但是都要求修改被测程序源码使其处理完一个消息之后停止，这在一定程度上会破坏协议程序的原始功能与语义。虽然 AFL 的 persistent 模式可以处理无限循环的交互，但由于缺乏对协议状态信息的感知，无法将模糊测试导向关键协议状态进而挖掘与协议状态相关的漏洞，造成大量测试资源的浪费。

2. 漏洞区域无感　基于 AFL 的灰盒模糊测试技术以及相关改进工作大多致力于运用运行时动态反馈指标优化测试用例生成进而最大化代码覆盖。然而，代码覆盖的增长并不是漏洞发现的充分条件。我们通过实验评估了 AFL 在 LAVA − M 测试集（base64、md5sum、uniq、who）上路径增长与程序崩溃（Crash）增长的相关性。程序崩溃是程序中存在漏洞的显性行为标志，虽然程序崩溃的数目并不一定等同于程序漏洞

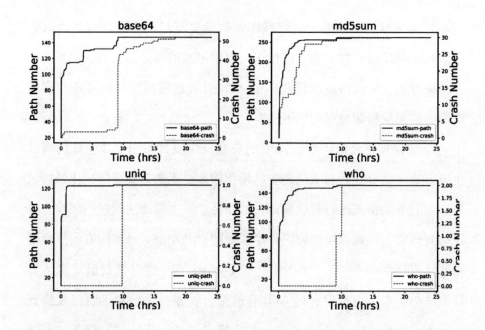

图 4 - 1　LAVA - M 测试集上的路径增长与 Crash 增长

数目，但是在一般意义上程序崩溃越多则说明程序中可能存在的漏洞数目越多。如图 4 - 1 所示，四张子图中路径的增长模式基本一致，表现为一开始快速增长，然后逐渐趋缓，直至保持稳定。背后的原因是新路径的发现本质上是一个奖券收集问题[235]，在第 $i-1$ 条新路径已经发现的情况下，发现第 i 条新路径的概率是 $P_i = (N-i+1)/N$，其中 N 表示总的路径数目。但是，程序崩溃的增长并不存在统一的模式，md5sum 一开始就出现并迅速逐渐增加，而 uniq、who 则一开始保持不变，直到某个时刻突然出现。这足以说明虽然在一定程度上路径的增长有助于新漏洞的发现，但是二者并没有严格的相关性。因为漏洞触发的关键是漏洞所在区域被充分探测，而不是被简单覆盖。为此，在有限的资源条件下，如果可以将测试资源分布到更可能出现漏洞的区域，则相同条件下更可能检测出更多的漏洞，进而更有效地提高软件的安全性。然而，现有的模糊测试技术缺乏对程序漏洞区域的感知，无法有效引导模糊测试技术向，更可能出现漏洞的代码区域分配更多的测试资源。

3. 变异粒度无感　现有基于 AFL 的灰盒模糊测试技术在进行测试用例变异时，只调节变异产生的测试用例数目，而不考虑测试用例变异时使用的变异操作与修改的粒度。目前，基于 AFL 的灰盒模糊测试方法基于动态收集的覆盖度等指标计算，最终需要变异生成的新测试用例数目，在每一次变异时，只是随机选择变异操作，缺乏对特定阶段何种类型、何种粒度的变异操作更有效的感知，进而造成低效率的变异操作被过度使用，有损测试用例生成的多样性。

第二节　智能感知驱动的灰盒模糊测试

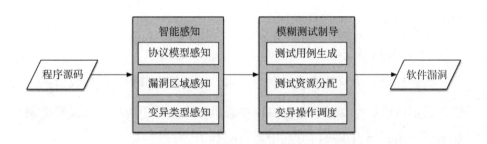

图 4 - 2　智能感知驱动的灰盒模糊测试方法

面向物联网通信协议，为了有效地克服现有基于 AFL 的灰盒模糊测试技术在进行物联网通信协议漏洞检测方面存在的局限，我们提出了智能感知驱动的灰盒模糊测试技术。通过感知协议模型、漏洞区域、变异粒度，制导测试用例生成、测试资源分配与变异操作调度，进而提高灰盒模糊测试技术检测物联网通信协议漏洞的效率。如图 4－2 所示，该方法包括智能感知部分（协议模型感知、漏洞区域感知与变异类型感知）与模糊测试制导部分（测试用例生成制导、测试资源分配制导以及变异操作调度制导）。首先，基于物联网协议源码，运用静态分析技术抽取协议数据包格式，构建协议状态机模型。同时，抽取程序区域漏洞相关的语义指标（包括敏感度指标、复杂度指标、深度指标以及罕至程度指标），进而界定更有可能出现漏洞的代码区域。然后，基于抽取的协议语法格式制导有效测试用例的生成，产生能够满足语法格式要求的输入，越过协议语法检查阶段，探测协议语义功能部分。基于构建的协议状态机模型实现状态感知的模糊测试，引导测试向协议关键状态分配更多测试资源。基于抽取的漏洞区域相关指标实现漏洞区域感知的模糊测试，引导模糊测试更有可能出现漏洞的代码区域分配更多测试资源。最后，基于运行时感知的不同变异粒度的变异操作效果，实现变异操作动态调度。

（一）协议模型感知制导

我们提出了协议模型感知制导技术，通过静态分析定位协议数据语法、识别协议状态变量、构造协议状态机，进而基于构建的协议模型制导测试用例的变异生成以及测试资源的分配。

```
1   /* midifile.c */
2   bool midiReadGetNextMessage(const MIDI_FILE *_pMF, int iTrack, MIDI_MSG *
      pMsg) {
3     if ((pMsg->iType & 0xf0) != 0xf0)
4       ...
5   }
6
7   /* m2rtttl.c */
8   MIDI_MSG msg; // MIDI_MSG is a struct type
9   while(midiReadGetNextMessage(mf, i, &msg)) {
10    ...
11    if (iCurrPlayingNote==msg.MsgData.NoteOff.iNote) {
12      iCurrPlayingNote = -1;
13      ...
14    }
15    ...
16  }
```

Listing 4.1　MIDI 协议实现代码片段

1. 定位协议数据语法。我们发现物联网协议实体间通信交互的数据包在代码实现中往往通过复合数据结构（如：结构体、类、数组等）类型定义，并以入参的形式绑定到与消息读取相关的函数调用上，同时消息读取函数中对数据包的解码分析操作中常常涉及位运算。如 Listing 4.1 所示，MIDI 协议的数据包格式在结构体 MIDI_ MSG 中定义，作为消息获取函数 midiReadGetNextMessage 的入参，并且该消息读取函数中对其消息进行解析时使用"&"运算符（第 3 行）。基于上述发现，我们提出了定位目标协议数据包语法的方法。首先，基于静态数据类型分析，定位所有结构化数据类型。然后，基于过程间函数调用分析，定位消息接收相关的函数、系统调用［如：recv（　）、read（　）等］。最后，通过判断消息处理函数体内是否存在对结构化类型数据的处理，如涉及数据包解析相关的函数调用来确定书写数据包处理函数。

```
1  typedef enum {
2    WORK_ERROR,
3    WORK_FINISHED_STOP,
4    WORK_FINISHED_CONTINUE,
5    WORK_MORE_A,
6    WORK_MORE_B,
7    WORK_MORE_C
8  } WORK_STATE;
```

Listing 4. 2   OpenSSL 协议状态变量定义

2. 识别协议状态变量。物联网协议状态变量通常基于枚举数据类型实现，如 Listing 4. 2 所示。首先，WORK_ STATE 是一个枚举类型，由六个整型常量组成，分别对应 OpenSSL 传输协议中的六个状态。其次，协议状态变量的初始化定义往往在消息处理循环外或者以全局变量的形式存在。再者，状态变量的更新一般处于一个无限循环体内，并且其更新依赖于接收数据包以及状态变量的当前值。表现在代码形式上，即对应状态变量在被重新赋值之前，往往存在对该变量的检查判断。如 Listing4. 1 所示，状态变量 iCurrPlayingNote 在第 12 行进行更新之前，第 11 行对其当前值进行了检查。基于上述发现，我们提出了协议状态变量识别方法。首先，基于定位到的协议数据包以及数据接受相关的函数来定位协议状态机实现的循环体。然后，对循环体内的枚举变量，进行两次连续迭代执行下的变量活性（liveness）分析，构建两次迭代执行下变量之间的依赖关系，进而识别协议状态变量。（注意：我们把一次循环或者对回调函数的一次调用称为一次迭代）。通过检查变量的使用（Use）是否依赖其定义（Definition）来识别状态变量。以 MIDI 协议为例，在 Listing4.1 所示的 MIDI 实现中，变量 iCurrPlayingNote 为状态变量，在两次连续迭代中进行变量活性分析，可以发现变量 iCurrPlayingNote 在第 12 行的定义依赖于第 11 行的使用。这表明如果当前状态为 msg. MsgData. NoteOff. iNote，则状态变量值必须更新到 −1。换言之，由于对第 9 行接受消息的处理，存在一个从状态 msg. MsgData. NoteOff. iNote 到状态 −1 的迁移。需要注意的是枚举类型并不始终用于协议状态的定义，也不是唯一用来定义协议状态的数据类型，某些实现中同样会使用布尔或整型等类型。

3. 构建协议状态机。协议状态机的维护通常在一个无限循环或者回调函数中实现，并且该循环中包含：①读取消息数据包的函数或者系统调用；②对消息数据内容的解码分析；③对状态变量的判断以及更新。这一发现具有一定的普遍性，因为状态协议需要通过网络通信与外界保持持续的交互，并维护一个有限状态机来保持对应状态下的会话信息，通过无限循环或回调函数来实现是最好的方式。

基于上述发现，我们提出了协议状态机的构建方法。首先，定位协议实现中的无限循环，通过判断是否包含读取消息数据的函数或系统调用、是否包含对消息数据的解法分析来过滤无关循环，确定协议状态机维护相关的循环实现；然后，基于状态变量识别方法定位状态变量；最后，基于符号执行技术对循环内部代码进行分析，收集状态变量取值变化对应路径上的约束条件，作为状态转换的迁移条件，进而构造相应的协议状态机模型。以 MIDI 协议为例，构造的协议状态机如下图 4 − 3 所示：

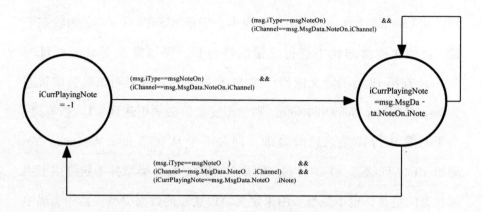

图 4 – 3　MIDI 协议状态机

4. 实现协议模型制导。抽取的协议模型主要包含协议数据包格式、状态变量及其取值和协议有限状态机三方面内容。参考 Sulley 对协议模型的建模方式，我们构建了基于 Json 的协议语法与状态机建模方法。该方法不仅支持对基本数据包内容、状态节点以及迁移条件的描述，还提供两类拓展性的支持。其一是支持对协议数据域增加可变异属性的刻画，即可描述数据包中每一个数据域的数据能否在模糊测试过程中进行变异修改；其二是支持对协议状态节点增加总测试权重的刻画，即可配置对协议每一个状态节点需要进行模糊测试的次数。我们构建的建模方法，对抽取的协议语法格式以及状态机进行建模，实现了协议模型制导的灰盒模糊测试。制导主要包括两个方面：

（1）制导变异生成　一方面，基于模型中描述的协议语法格式，制导生成满足协议数据包格式要求的有效测试用例，使得生成的测试用例可以越过代码中语法检查部分，进而探索协议数据包语义处理部分的逻辑；另一方面，基于模型中对数据域可变异属性的描述，制导数据包的有效变异，避免修改不应该变异的字段（如：协议头部、校验值等），

74

加强对关键数据域的变异，使得产生的测试用例可以兼顾有效性与多样性。

（2）制导资源分配　一方面，基于模型中刻画的协议状态机迁移条件制导快速的协议状态迁移，使协议运行尽快越过非核心状态、进入关键状态进行测试。另一方面，基于模型中刻画的每个协议状态测试的权重制导测试资源分配，实现对关键协议状态的充分测试，从而避免将测试资源浪费在不重要的协议状态上。

（二）漏洞区域感知制导

我们提出了漏洞区域感知制导技术，通过轻量级的静态分析抽取程序中漏洞语义相关的静态指标，并将抽取指标插桩到目标程序，运行时收集对应执行路径的指标权重，用于制导测试资源向取得更高权重的路径区域倾斜。尽管没有理论性的研究可以直接证明特定的程序语义指标可以直接表明代码一定存在漏洞，但确实存在一些经验式与启发式的发现[29][30]。如敏感区域、复杂区域、深度区域、罕至区域往往更容易出现漏洞，原因是这些类型的区域通常逻辑复杂程度与规模程度较高，而且在实际中缺乏充分的测试。对应这四类区域，我们设计了四种语义指标用以感知潜在漏洞区域，即敏感度指标、复杂度指标、深度指标以及罕至程度指标。

1. 敏感度指标。C/C + + 程序中最典型的内存破坏（Memory Corruption）漏洞（如：缓冲区溢出、Use – After – Free、格式化字符串等）往往是由内存相关或字符串相关的敏感操作引发的。如果程序中的一块代码区域内包含较多的内存与字符串相关的敏感操作，则该区域就更可能包含由内存、字符串操作误用引发的漏洞。为此，我们设计了敏感度指标（$Degree_{sensitive}$）用来衡量一块代码区域（如：程序基本块）的敏感程度，该指标的计算公式如 4-1 所示。

$$Degree_{sensitive}(BB) = MemoryOP + StringOP \qquad (4-1)$$

其中，$MemoryOP$ 和 $StringOP$ 分别表示一个程序基本块中内存相关以及字符串相关的敏感操作数目。

2. 复杂度指标。程序中的一段代码实现的复杂度越高，则在编写过程中程序员由于考虑不周而引入漏洞的可能性就越大。为此，我们设计了复杂度指标（$Degree_{complex}$）用以衡量一块代码区域的复杂程度。由于基于圈复杂度理论的计算适用于函数粒度的代码区域，而我们关注的区域粒度细化到了程序基本块，为此我们设计的复杂度指标计算公式如 4-2 所示。

$$Degree_{complex}(BB) = Predecessor + InstNum \qquad (4-2)$$

其中，$Predecessor$ 表示该基本块 BB 的前驱节点的数目，$InstNum$ 表示基本块中所有的指令数目。

3. 深度指标。如果程序中的一段代码区域距离程序入口越深，则该代码区域由于缺乏充分的测试而更容易隐藏潜在漏洞，有效地测试更深的代码区域有助于漏洞检测。因此，我们定义了深度指标（$Degree_{deep}$），以便制导模糊测试向更深的代码区域推进。给定一个程序基本块 BB，我们基于公式 4-3 计算该基本块的深度指标。

$$Degree_{deep}(BB) = \frac{P(BB).size}{\sum_{pi \in P(BB)} \frac{1}{length(p_i)}} \qquad (4-3)$$

其中，$P(BB)$ 表示从函数入口基本块到该基本块 BB 的所有可能路径。$length(p_i)$ 是路径 p_i 的深度，即路径中包含的所有基本块的数目。

以图 4-4 的控制流图所示为例, 计算基本块 G 的深度。首先, 基于深度优先算法遍历控制流图, 获得所有从入口基本块 A 到目标基本块 G 的路径。然后, 根据公式 4-3 计算基本块 G 的深度, 其结果为 1/(1/3 + 1/4 + 1/3 + 1/4 + 1/4) = 12/17。

4. 罕至程度指标。如果一个区域被触及的概率较低, 那么潜藏在其中的漏洞便难以被检测, 相关工作[29]已经通过实验证明, 罕至区域更可能出现漏洞。为此, 我们设计了罕至程度指标 ($Degree_{rare}$) 用以衡量一块代码区域 (程序基本块) 的罕至程度。

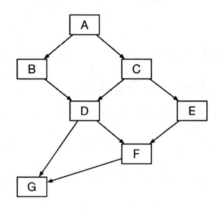

图 4-4 抽象的控制流图

给定一个基本块 BB, 首先按照公式 4-4 计算每一条路径 $p_i \in P$ (BB) 到达基本块 BB 的概率。

$$RPro(BB, p_i) = \frac{1}{\prod_{j=0}^{length(pi)-1} TPro(B_j, B_{j+1})} \qquad (4-4)$$

其中, p_i 表示一条可以从入口到达基本块 BB 的路径, $TPro$ (B_j, B_{j+1}) = 1/$successors$ (B_j) . $size$ 。为了便于计算, 我们假设从一个基本

块迁移到其任一后继节点的概率相等。当计算完所有 BB 可达路径上的到达概率之后，我们基于公式 4 – 5 计算基本块 BB 的罕至程度。

$$Degree_{rare}(BB) = \frac{P(BB).size}{\sum_{p_i \in P(BB)} RPro(BB,p_i)} \qquad (4-5)$$

以图 4 – 4 所示为例，我们首先获取所有从入口基本块 A 到目标基本块 D 的路径集合 P（D）。集合 P（D）包含两条路径 $p_1 = A\to B\to D$ 和 $p_2 = A\to C\to D$。基于其后继信息，我们为每一条路径计算基本块 D 的可达概率 $RPro$（D, p_1）$= 1/$（$1/2 * 1$），$RPro$（D, p_2）$= 1/$（$1/2 *$ $1/2$）。最终，我们可以得到基本块 D 的罕至程度 $Degree_{rare}$（D）$= 2/$（$2+4$）$= 1/3$。

5. 漏洞区域制导。我们基于测试用例触发路径区域的指标权重来制导测试资源分配。如果一个测试用例执行走过的路径相应的区域指标权重越高，那么该路径对应的测试用例就会被变异生成更多新的测试用例，该路径就会被分配更多的资源进行测试。结合上述制导，可以实现对更敏感、更复杂、更深以及更罕至区域的充分探索。

$$Reward(t) = \frac{\sum_{BB_i \in p(t)} Degree_M(BB_i)}{p(t).size} \qquad (4-6)$$

对于一个给定的测试用例 t，我们根据公式 4 – 6 计算其运行时走过区域的指标权重 $Reward$（t）。其中，p（t）表示测试用例 t 执行走过路径，BB_i 表示路径 p（t）中的第 i 基本块，p（t）size 表示路径 p（t）上基本块的总数，$degree_M$（BB_i）表示基本块 BB_i 区域对应语义指标 M 的程度值，这里的 M 即我们设计的四种漏洞相关的语义指标之一（敏感度指标、复杂度指标、深度指标和罕至程度指标）。例如一个测试用例

t 执行走过的路径为 $p = A \rightarrow B \rightarrow D \rightarrow G$，那么其指标权重 $Reward$（t）为（$Degree_M$（A）$+ Degree_M$（B）$+ Degree_M$（D）$+ Degree_M$（G））／4.

在模糊测试过程中，我们实时维护一个平均指标权重值 $AvgReward$，测试用例 t 执行收集的路径指标权重 $Reward$（t），按照公式 4 - 7 计算测试资源分配因子 F（t），并基于 F（t）制导测试资源分配。

$$F（t）= \frac{Reward（t）}{AvgReward} \tag{4-7}$$

如果 F（t）的值越大，那么测试用例 t 就会得到更多的变异资源，t 所对应的执行区域就会得到更多的测试资源。我们基于 F（t）设计的测试资源分配如公式 4 - 8 所示：

$$E（t）= E_{afl}（t）* 2^{10 * F(t)} \tag{4-8}$$

其中，E_{afl}（t）表示基于 AFL 的灰盒模糊测试技术本身的资源分配策略，其按照测试用例的执行时间以及取得的覆盖度动态信息为测试用例赋予一定的变异资源值，用于测试资源分配。E（t）则在其基础之上加入了漏洞区域指标权重因子，实现了漏洞区域感知的测试资源调度。

（三）变异操作感知制导

变异操作类型指的是修改已有测试用例的方式，变异操作粒度指的是不同变异操作修改已有测试用例的程度。为了实现变异粒度感知制导的模糊测试，能够在模糊测试过程中的特定阶段使用更合适的变异操作对已有测试用例进行的修改，进而生成更高效的测试输入。首先，需要感知基于 AFL 的灰盒模糊测试技术中不同粒度变异操作的能力。我们通过实验评估分析了不同类型与不同粒度变异操作在 LAVA - M 测试集上对于覆盖度增长的影响。

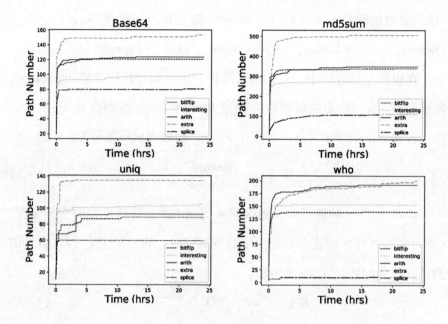

图 4 –5　不同粒度变异操作的表现

　　基于 AFL 的灰盒模糊测试技术内置了五种不同变异操作，即 bitf-
lip、interesting、arith、extra 以及 splice。五种不同变异操作进行测试用
例的变异粒度不同：bitflip 是比特级修改粒度；interesting 与 arith 是字
节级修改粒度；extra 是基本块级修改粒度；splice 是文件级修改粒度。
五种不同变异操作进行测试用例的变异方式也不同：bitflip 翻转测试用
例二进制表示的比特值；interesting 与 extra 插入额外的数据信息；arith
对已有测试用例进行增删运算；splice 将两个已有测试用例文件进行拼
接。在我们的评估实验中，我们通过修改现有基于 AFL 的灰盒模糊测
试工具，使其一次只使用一种类型的变异操作，并基于修改后的工具对
测试集 LAVA – M[31] 中的四个不同对象（base64、md5sum、uniq 和
who）进行 24 小时测试，统计了最终的覆盖度增长情况。实验结果如

图 4 – 5 所示，在每一个子图中，x 轴代表模糊测试时间，y 轴表示探索的路径数目，图例中不同线条从上到下依次代表单独使用变异操作 bitflip、interesting、arith、extra 以及 splice 的路径增长情况。实验结果表明：①不同的变异操作对于触发新的路径有着不同的能力；②总体而言，粗粒度的变异操作在提升路径增长方面相较于细粒度的变异操作效果要好，如图中所示 extra 总体表现最好。

基于上述发现，我们设计了变异操作感知的变异操作组合调度算法 4.1，在模糊测试过程中有针对性地提升触发新路径能力较好的变异操作应用的比例，进而实现对模糊测试效率的提高。

算法 4.1 MutatorScheduling

输入：待变异的测试用例

输出：变异后的测试用例 s'

1： $\beta = (2/3)^t$

2： $p \leftarrow N * (1 - \beta)$

3： $s' \leftarrow Other - Mutator\ (s,\ p * (\alpha + \beta))$

4： $s' \leftarrow Extra - Mutator\ (s',\ p * (1 - \alpha - \beta))$

5： return s'

如算法 4.1 所示，输入为待变异的测试用例 s，输出为变异后产生的新的测试用例 s'。p 表示选择和应用不同粒度变异操作数目，t 表示模糊测试的时间。$p * (\alpha + \beta)$ 表示选择并应用细粒度变异操作的数目，$p * (1 - \alpha - \beta)$ 则表示应用粗粒度变异操作的次数。随着模糊测试的进行，粗粒度的变异操作比例会逐渐增加，常量 α 的设置是为了保持变异操作的多样性。

第三节　相关工作

我们下面从协议模型抽取、测试制导策略、种子选择策略和变异操作调度这四个方面讨论相关工作。

1. 模型抽取。Csur[238]基于抽象解释技术分析协议的 C 实现并构造协议符号化模型验证其机密性。ASPIER[239]基于软件模型检验技术实现了对 OpenSSL 的验证分析。Csec[240]则采用符号执行技术抽取协议 C 实现的一条路径，通过 ProVerif 模型检验工具进行安全性质验证。文献[241]在 Csec 基础上进行改进，将抽取的模型转化为计算可靠的形式化验证工具 CryptoVerif 的输入进行验证，但依旧只能处理一条路径。Co-qVCC[214]基于定理证明器 VCC 实现了对密码协议 C 的安全属性验证。MBTNPI[242]基于协议运行时信息，运用合成技术（synthesis）抽取协议的近似行为模型用于指导测试用例的生成与选择。MACE[120]结合符号执行与具体执行探索程序状态空间，通过 L * 在线学习算法[243]构造协议抽象模型并不断精化，基于抽取的协议模型指导程序状态空间的探索。Pulsar[50]基于网络流量进行协议模型推导，用 Markon 模型表示推导出协议状态模型以及相应的消息模板，并基于协议状态模型与消息模板指导协议实现的黑盒模糊测试。不同于上述协议模型抽取面向特定类型协议，我们基于静态分析实现了通用的协议模型抽取技术，并基于抽取的协议模型制导协议实现了灰盒模糊测试。

2. 测试制导策略。不同于基于随机游走的模糊测试，基于制导的模糊测试致力于快速到达特定位置或快速检测特定类型漏洞。如 AFL-Go[187] 与 Hawkeye[188] 利用距离指标制导模糊测试尽快到达预先给定的漏洞位置，进而实现对已知漏洞的快速复现。不同于 AFLGo 与 Hawkeye，我们不需要事先给定目标位置，漏洞区域感知制导策略可以基于四种不同的区域语义指标实现自动化的漏洞区域感知，并基于运行时指标权重量化分配测试资源，实现着重测试语义指标显示的漏洞区域。SlowFuzz[189] 通过优先选择消耗更多资源（如 CPU、内存等）的测试输入，引导模糊测试尽快地找到算法复杂度漏洞，而我们的工作关注检测内存破坏漏洞。

3. 种子选择策略。AFLFast[54] 通过优先选择触发低频路径的种子来平衡模糊测试在冷、热路径上的资源分配。FairFuzz[56] 通过优先触发低频分支的种子来引导模糊测试向较少触及的分支分配更多测试资源。CollAFL[54] 则通过优先触发以前未被触及的邻居来引导模糊测试探索新的区域。不同于上述工作使用动态指标制导种子选择，我们在动态指标的基础上，融合静态区域指标优化测试用例选择与资源分配，使其可以向更可能出现漏洞的区域分配更多测试资源。

4. 变异操作调度。MOPT[179] 利用定制化的粒子群优化算法（Particle Swarm Optimization，PSO）[244] 确定变异操作相对于模糊效率的最佳概率分布，并提供一种模糊测试模式用以加快 PSO 的收敛速度。我们的方法基于对不同类型变异操作效果的实证评估，在动态测试过程中提升触发新路径能力较好的变异操作类型的比例。

第四节　本章小结

我们提出了智能感知驱动的灰盒模糊测试方法。首先，提出了协议模型抽取技术，通过静态分析实现了对协议语法信息的抽取与协议状态模型的构建，并基于模型实现了对测试用例生成、变异以及测试资源分配的制导。其次，提出了漏洞区域感知技术，通过四种漏洞相关的代码指标界定潜在漏洞区域并制导模糊测试向潜在漏洞区域推进。最后，提出了类型感知的变异操作调度算法，实现了对测试过程中不同变异操作的优化分布。实验评估（见第七章第二节）表明该方法有效提升基于测试途径的通信协议漏洞检测效率。

第五章

物联网固件镜像漏洞检测

物联网固件往往以二进制镜像的形式存储在物联网设备控制器的只读存储器中，作为物联网设备的核心使能软件，负责底层硬件控制、基于外设与外界环境交互、监控设备状态、收集感知数据等。固件中存在安全漏洞，是物联网设备遭受安全攻击的根本原因之一。如2016年美国西海岸大规模智能摄像头被控制，进而对域名解析服务器发起分布式拒绝服务攻击，造成大面积通信服务瘫痪，其根本原因是智能摄像头中固件存在的缓冲区溢出漏洞被攻击者利用绕过授权认证；2017年三星3000万台智能电视、1000多部智能手机被攻击者控制，其原因是三星设备固件系统中存在40多个安全漏洞[①]；2017年7月美国自动售货机供应商遭受黑客入侵，造成160多万个人隐私数据泄露，其原因是售货机支付终端中的固件存在安全漏洞[②]。因此，为了提升物联网设备的安全性，有效检测物联网固件镜像中存在的安全漏洞已经迫在眉睫。本章将详解介绍针对物联网固件镜像漏洞检测问题提出的虚拟外设驱动的混合模糊测试方法。

---

① 资料来源：Hacker News 官网
② 资料来源：Avantimarkets 官网

第一节　问题与挑战

模糊测试[41][42][43][227]是实践中最有效的漏洞检测技术之一。模糊测试作为一种动态测试技术，核心思想是向运行的被测试系统发送大量有效或者半有效的测试输入，通过监控被测系统的运行状态，观察是否触发系统未定义行为（如程序崩溃等），来检测系统中是否存在安全漏洞。根据被测系统内部结构与运行时信息的利用程度，现有的模糊测试可以分为黑盒、白盒与灰盒。灰盒模糊测试以 AFL[47]、LibFuzzer[48] 和 Honggfuzz[49] 等工具为代表，采用轻量级的程序插桩收集覆盖度反馈制导模糊测试，优化测试用例生成。相较于黑盒模糊测试技术对被测系统内部信息透明的特点，其测试用例生成方式更为高效。相较于白盒模糊测试技术由于采用重量级程序分析技术而面临性能与规模化瓶颈，灰盒模糊测试由于插桩反馈机制的简洁与灵活性，对大规模软件系统进行高性能的测试。因此，以 AFL 为代表的覆盖度反馈制导的灰盒模糊测试技术已经被谷歌[228]、微软[229]、Adobe①、腾讯、阿里与华为在内的众多 IT 厂商采用来提高软件产品的可靠性与安全性。反馈制导的灰盒模糊测试技术也是学术界与工业界研究的热点，国内外众多的研究工作致力于运用静态分析[54][165][187]、污染分析[51][58][59]、符号执行[53][123][230]以及机器学习[62][175][231][232]等技术提升灰盒模糊测试技术的有效性与

---

①　资料来源：Adobe Blog 官网

效率。

研究问题　面向物联网固件镜像，如何构建通用的固件测试环境以实现对固件典型漏洞的有效检测？

基于微控制器的物联网固件镜像有着独有的特征，主要包括：

1. 多样化的软硬件环境　固件的开发对于底层软、硬件环境往往进行高度的定制与适配，不同固件镜像底层环境差异巨大，包括不同的操作系统（如：单片、实时操作系统、嵌入式 Linux 等）以及不同的硬件外设（如 GPS、LED、通信协议等）。

2. 基于外设的持续交互　固件的主任务（main task）往往实现在一个无限循环体内，通过各种各样的外设与外界环境进行持续的交互。外设接口包括不同类型的传感器接口、不同格式的文件接口以及不同层次的网络通信等。

面临挑战　基于微控制器的固件特性给固件模糊测试带来了新的挑战[68]，主要包括：

1. 难以摆脱硬件依赖执行固件镜像　运用模糊测试技术对固件镜像进行漏洞检测的前提是在一定环境下有效地动态执行固件镜像。然而，面对多样化的底层软、硬件环境以及各种各样的外设类型，完整正确地执行固件镜像异常困难。部分研究工作尝试基于 QEMU[245] 和 PAN-DA[246] 等模拟器环境虚拟执行固件镜像。FIRMADYNE[72] 通过内置修改过的 Linux 内核抽象，运用 QEMU 模拟器实现了对基于 Linux 的固件镜像的全模拟执行，该方法为对基于 Linux 固件进行大规模的动态分析奠定了基础[73]。但是，市场主流的固件类型是基于微控制器的，一般运行在一个轻量级、定制化的实时操作系统或者 Bare – metal 之上，使用内置操作系统抽象这一方法对于基于微控制器的固件并不可行。原因之一是目前存在众多类型的实时操作系统（如 FreeRTOS[①]、MbedOS[②] 以及 ChibiOS[③] 等），基于某一类型实时操作系统的抽象对于另一种难以兼容。另一原因是目前主流模拟器如 QEMU，只支持微控制器核心外设（NVIC，SysTick）的模拟，当执行访问到其他未知外设时，模拟执行环境就会瘫痪。为了解决对未知外设模拟支持的问题，一部分研究工作如 avatar[70] 及其拓展 avatar 2[71] 利用一个软件版本的外设或真实外设，来充当未知外设，并与在模拟器中运行的固件进行交互[68]。但是，为每一个未知外设提供真实设备或者实现精确的软件版本代价高昂。

2. 不支持多维外设输入空间探索　运行在物联网设备上的固件通过各种各样的外设接口持续地与外界环境进行交互，交互接口的类型复杂多样，接收处理的输入差异巨大。然而，现有的模糊工具所能支持的交互接口类型只是单一的标准输入、文件或者网络接口。黑盒模糊测试工具如 Sulley[44]、Peach [45] 和 Boofuzz [46] 支持从单一的网络接口向被测系统提供测试输入。灰盒模糊测试工具如 AFL、Libfuzzer 以及 Honggfuz 只支持从单一的标准输入或文件接口提供测试输入。一方面，物联网固件往往存在多个不同类型的接口，既包含网络通信接口又包含各异的传感器接口，如温度传感器、距离传感器等，同时与外界环境进行交互，即物联网固件有着多维度的输入空间需要同时进行探测。另一方面，物联网固件进行交互的不同外设接口接受的输入在数据类型、语法格式和

---

① 资料来源：freeRTOS 官网
② 资料来源：Mbed 官网
③ 资料来源：Chibios 官网

取值范围等方面存在着巨大差异，即物联网固件不同输入空间的取值差异巨大。面对这一现状，现有的模糊测试工具、平台和系统难以有效地处理上述问题，也很难以较小的修改代价改进现有工具进而支持固件多维外设输入空间的有效探索。

3. 难以插桩收集反馈制导模糊测试　基于程序插桩收集运行时反馈制导测试用例生成与优化是以 AFL 为代表的灰盒模糊测试取得成功的关键。对于 x86 – 64 架构的软件系统而言，可以运用编译时插桩与运行时插桩收集测试输入的覆盖度等反馈信息，进而基于遗传算法制导模糊测试优化测试用例生成。编译时插桩一般需要目标程序的源码，但是固件往往以二进制形式存储在嵌入式设备的只读存储器中，源码难以获取。动态插桩一般需要支持软件系统架构指令集的插桩工具，但是现有的二进制动态插桩工具如 Pin[247] 和 Valgrind[162] 都严格限定于特定的操作系统（Linux）以及特定的 CPU 架构，而物联网固件底层架构存在多样化的特征，截至目前，没有有效支持 Bare – metal 与 FreeRTOS 固件的二进制插桩工具[68]。这一问题也是直接造成目前针对物联网固件模糊测试工具如 RPFuzzer[57]、IoTFuzzer[69] 都以黑盒方式为主。

4. 缺乏有效的错误检测机制　模糊测试技术一般依赖于可见的程序崩溃作为检测到错误的直接信号。基于 Linux 和 Window 的系统提供了各种崩溃检测机制（如 Segment fault 等）供模糊测试工具使用。相关研究工作还提供了如 Address Sanitizer[180]、Memory Sanitizer[181]、Data-Flow Sanitizer[182] 和 Thread Sanitizer[183] 等机制用以提高漏洞触发的敏感性。但是，这些机制对于基于微控制器的固件却鲜有支持，众多会造成程序崩溃的漏洞在物联网设备上往往显示为 Silent Crash[68] 等行为。缺乏有效的错误检测机制极大地限制了模糊测试工具检测固件漏洞的能力。相关工作研究了各种措施缓解这一挑战，如 RPFuzzer[57]通过观察 CPU 消耗和检查系统日志实现了对拒绝服务以及路由重启的检测。IoT-Fuzzer[69]通过发送心跳信号来执行活性检查进而检测潜在漏洞，该方法一定程度上可以判断出测试程序是否宕机，但是无法有效报告漏洞类型。Inception[39]拓展 KLEE 增加内存管理单元，Marius Muench[68]基于 Panda 实现一组启发式的检测插件，用于识别潜在漏洞。上述缓解措施有一定的效果，但是依旧存在识别漏洞类型有限、识别精度不足的问题。

第二节　虚拟外设驱动的混合模糊测试

面向基于微控制器的物联网固件镜像漏洞检测，我们提出了虚拟外设驱动的混合模糊测试方法，实现了摆脱硬件设备依赖的固件混合模糊测试。我们首先给出固件过程间控制流图（Firmware Interprocedural Control Flow Graph，FICFG）以及固件外设访问依赖图（Firmware Peripheral Access Depdendence Graph，FPADG）的定义。

Definition 5 – 1. 固件过程间控制流图是一个有向图 $FICFG = (V, E)$，其中：

1. 节点 $v_i \in V$ 表示固件镜像中的一个基本块 $b_i \in \{B_I, B_T, B_L, B_R\}$。注意 B_I、B_T、B_L、B_R 分别表示外设初始化、任务、底层操作系统和中断服务程序的基本块。

2. 边 $(v_i, v_j) \in E$ 表示固件镜像在控制 $c_i \in \{C_{branch}, C_{funCall},$ $C_{Interrupt}\}$ 下从基本块 b_i 执行到基本块 b_j。注意 C_{branch}、$C_{funCall}$、$C_{Interrupt}$ 分别表示程序分支、函数调用以及中断响应控制。

Definition 5 – 2. 固件外设访问依赖图是一个有向图 $FPADG = (P,$ $E, \rightarrow)$ 用于描述运行时不同外设访问点之间的依赖关系,其中:

1. 节点 $p_i \in P$ 表示一个访问外设并进行读写的程序点。

2. 事件 $e_i \in E$ 表示在外设访问点 p_i 读取的数据。

3. 边 $(p_i, e_i, p_{i+1}) \in \rightarrow \subseteq P \times E \times P$ 表示从 p_i 到 p_{i+1} 的迁移。为了简便起见我们将 $p_i \rightarrow p_{i+1}$ 简化为 (p_i, e_i, p_{i+1})。

固件程序中任务的执行是由事件驱动的,来自非网络外设的事件可以看成是固件任务执行的上下文(context),而来自网络外设的事件可以看成是网络输入(network)。我们将来自网络外设的事件集合表示为 $E_{network}$,将来自其他非网络外设的事件集合表示为 $E_{context}$。为此,我们定义驱动固件执行的测试用例如下:

测试用例 Definition 5 – 3. 一个驱动物联网固件执行的测试用例 $t \in T$ 是一个事件序列 $< e_0, e_1, \cdots, e_i, \cdots, e_n >$,其中 $e_i \in \{E_{network},$ $E_{context}\}, 0 < i < n.$

问题定义 针对基于微控制器的固件混合模糊测试指的是结合基于约束的测试用例生成方法与基于变异的测试用例生成方法来产生固件测试用例 $t \in T$ 进行固件程序执行路径探索,最大化 FICFG 与 FPADG 的覆盖的同时,检测固件中存在的安全漏洞。固件混合模糊测试问题可以形式化地表示如下:

HybridGeneration(T) $\rightarrow$*Maximize*(*FICFG*) $\wedge$

$$Maximize（FPADG）\wedge$$

$$\exists\, t\in T,\ TriggerBug（t）$$

基于微控制器的固件测试的重要性　我们之所以选择基于微控制器的固件镜像为测试对象，有两个原因：①基于微控制器的固件有着庞大的用户基础，尤其以 ARM Cortex – M 架构系列为代表的微控制器（如 Cortex – M0、Cortex – M3 和 Cortex – M4）是物联网设备市场的主流。与桌面或者移动处理器相比，Cortex – M 系列的微控制器最大的区别是其不支持内存管理单元。这意味着固件中用户态的应用代码与内核态的操作系统代码整合在同一块扁平的内存空间。这一特性使基于微控制器的固件不支持流行的 Linux 操作系统。为此，亚马逊的 FreeRTOS、ARM 的 MbedOS 以及 ChibiOS 等众多定制化的实时操作系统被提出用以支持基于微控制器的固件。基于 Bare – metal 和 RTOS 的固件是目前主流的物联网固件形态。根据 2017 年的官方统计，基于微控制器的物联网设备比例高达 66%[①]。②截至目前，还不存在有效的模糊测试工具，可以在不依赖任何硬件设备的前提下，执行和测试基于微控制器的物联网固件镜像并进行漏洞检测。

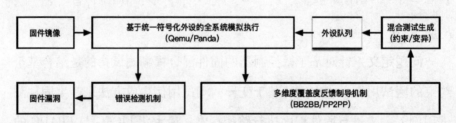

图 5 – 1　虚拟外设驱动的混合模糊测试方法

---

① 资料来源：AspenCore 官网

混合模糊测试技术使用的必要性　混合模糊测试[53][123][124]是一种结合了模糊测试与符号执行优势的先进测试技术。模糊测试[42][43]是目前挖掘软件系统中安全漏洞最有效的技术之一。尤其是覆盖度反馈制导的灰盒模糊测试技术已被包括 Google、Microsoft 在内的众多公司广泛采用[47][48]。由于反馈信息制导与遗传机制优化的灵活性，灰盒模糊测试技术已经帮助安全工作者在众多应用程序上发现大量的安全漏洞[59][66][187]。符号执行[28][150][248]是一种程序分析技术，通过使用符号变量代替实际变量作为程序输入，驱动程序模拟执行，基于约束求解器求解路径相关的约束集合，进而求解出覆盖特定路径的测试用例，以 KLEE[31]、Angr[35]、Sage[62]为代表的符号执行引擎也已经成为学术界研究的热点。

我们提出的虚拟外设驱动的混合模糊测试方法，如图 5 - 1 所示，基于统一符号化外设的固件全系统模拟执行环境运行固件镜像，通过混合测试生成方法为模拟环境中的固件执行提供输入，运用多维度覆盖度反馈制导技术优化测试用例生成，并通过统一的错误检测技术识别典型固件漏洞。相较于传统的模糊测试方法一般只关注用户态应用程序[59][47]或者内核态系统程序[56][198]，我们的混合模糊测试方法可以将整个固件作为一个整体进行测试分析，该固件既包含了应用层的应用任务又包含了内核层的操作系统。外设驱动的混合模糊测试方法的核心包括符号化外设的模拟、混合测试用例生成、多维覆盖反馈制导与典型错误检测机制。

（一）符号化外设的模拟

摆脱设备依赖的固件执行是实现硬件设备无关的固件混合模糊测试

的关键挑战之一。主流的模拟器如 QEMU 和 PANDA 由于对未知外设的支持有限，当模拟器中的固件执行访问到未知外设时，模拟器就会瘫痪。根本原因是模拟器缺乏相应的处理逻辑，不知道如何响应对应的外设访问。

我们提出外设符号化模拟技术，基于统一的符号化外设模拟多样未知外设的行为。在未知外设行为模拟方面，我们拓展了 Laelaps[249] 的能力使其支持对复杂网络外设的交互模拟，增加了基于变异的测试用例生成方法来模拟未知外设的非约束性行为。我们使用了统一符号化外设与运行在模拟器中的固件程序进行交互，所有对未知外设的访问操作被重定向到到符号化外设，符号化外设通过符号执行技术模拟未知外设响应，返回恰当的值驱动固件在模拟器中继续执行。通过这种方式，我们构建了摆脱外设硬件依赖的固件虚拟执行环境，实现了固件执行，为实现通用的固件模糊测试奠定了基础。统一符号化外设主要用于模拟未知真实外设的三种典型行为：

1. 外设发现行为。符号化外设可以有效地响应固件执行过程中对相应未知外设的访问，并提供响应值，使得执行过程中未知外设是可被发现的。

2. *I/O* 交互行为。符号化外设可以为固件执行访问到位置外设读操作提供有效或半有效的响应值，使得固件可以继续执行并触发相应的执行路径。

3. 中断注入行为。符号化外设可以向模拟器注入中断信号并赋予较高优先级，使处理器可以中断现有执行，为中断提供及时响应。

不同前期工作[68]为每一个未知外设实现一个精确的软件版本来模

拟其交互行为，符号化外设是多样未知外设的统一抽象。其核心功能是为固件执行过程中的外设访问提供相应的值，进而驱动固件沿着一条有效的路径执行。符号化外设可能返回超出真实外设取值范围的输入，但是是从探索固件程序空间与漏洞检测的角度而言，无约束的外设行为是合理的，因为安全的固件不能因为外设提供了非预期的行为就崩溃出错。

（二）混合测试用例生成

物联网固件基于多维外设接口与外界环境进行持续交互，但是，现有的工具只支持单一输入空间（如标准输入、文件、网络）的探索，无法同时支持多维外设输入空间的探索，无法为多样的外设生成有效的测试输入，因为不同的外设在输入类型、语法、范围等方面往往差异巨大。为此，我们提出了混合测试用例生成方法，为多样化的外设生成测试用例。混合测试生成方法包含了基于约束的生成和基于变异的生成。

1. 基于约束的生成

基于约束的生成技术利用符号执行引擎（Angr）为外设生成相应的测试输入。当模拟器中的固件执行访问到未知外设对应的内存地址时，模拟器会暂停。模拟器中固件执行的当前状态（包括内存以及寄存器信息）会迁移到符号执行引擎。然后，符号执行引擎从当前状态开始模拟执行，探索未来可能的路径并收集相应的路径约束。我们通过启发式的路径选择策略挑选一条未来路径，调用 SMT 求解器求解对应的路径约束，生成具体的测试输入。该输入会被存储到对应外设访问点的种子队列之中。同时，该输入会被返回给暂停的模拟器，并驱动模拟器从暂停点开始继续执行。基于约束的生成技术的核心主要包括基于访问的符号化、选择性符号执行以及启发式的路径选择三个方面。

（1）基于访问的符号化。符号执行的核心是使用符号化变量，代替实际值作为程序的输入。我们采用基于外设访问的符号化机制插入符号变量，将每一次的外设访问都符号化，即使该外设访问点之前已经被访问过，我们仍然为这次新的访问赋予新的符号变量。这么做是因为外设内存的易变性，它们的值会非确定性地改变。为此，我们为不同的外设访问点赋予不同的符号变量，并且不同的外设访问时间也分别被赋予不同的符号变量。如 Listing 5.1 所示，$base \rightarrow CNT$ 是外设寄存器，用于保存持续增长的计数。代码第 1 行和第 2 行读取当前的值，他们访问的是相同内存空间，但由于是在不同的时间访问，我们赋予不同的符号变量。否则的话，第 5 行的代码将永远不可达，因为一个变量减去本身将永远等于零。

```
1 cnt0 = (uint32_t)(base->CNT & FTM_CNT_COUNT_MASK);
2 do_stuff()
3 cnt1 = (uint32_t)(base->CNT & FTM_CNT_COUNT_MASK);
4 if((cnt1 - cnt0) > 0xFF)
5 ...
```

Listing 5.1　使用时钟外设的代码片段

（2）选择性符号执行。我们应用选择性符号执行（Speculative symbolic execution）技术[250]来降低约束求解器的调用开销。不同于传统的符号执行，我们并不是每一次遇到新的分支都会调用求解器。相反，我们允许符号执行持续执行，直到累积的分支数目达到了配置阈值 *Context_ Depth* 描述的分支数目，再调用约束求解器求解。该方法可以降低调用约束求解器的求解开销。但是如果配置项 *Context_ Depth* 设置过大，则会造成符号执行探索未来路径的时间开销变大。

（3）启发式的路径选择。 我们设计了启发式的路径选择策略用于固件符号执行：

- **选择深路径** 我们倾向于选择包含较高地址指令的路径，因为这类路径有更大的概率推动固件往更深的区域执行。该启发式路径选择策略的建立基于两个关键发现，其一是固件程序往往是顺序执行；其二是固件程序的外设初始化往往是依次进行。

- **优先新路径** 我们优先选择以前未被触及的新路径，以便可以最大化固件代码覆盖度，并通过计算可供选择路径与历史路径之间的相似度来选择相似度最低的路径。

- **避免死循环** 我们避免选择包含死循环的路径，这是因为无限循环往往会引发路径爆炸[143]。我们通过比较待选路径与已探索路径的程序状态（寄存器和 PC 的值）来粗粒度地定位循环，即如果在一条路径中有两个状态是相同的，就认为该路径包含死循环，而不采用高复杂度的不动点理论[251]。

2. 基于变异的生成

基于变异的生成是通过变异操作修改已有的测试用例，进而生成新的测试用例。当模拟环境中的固件执行遇到未知外设访问点并读取外设输入时，如果该外设访问点对应的种子队列中已有测试用例，并且测试用例的数目达到了使用变异生成的条件，那么我们选择比特翻转等变异操作对其进行修改进而产生新的种子。新的种子会被存入该访问点对应的种子队列中，并从队列首部中选取一个种子反馈给模拟器使其从暂停状态开始继续执行。基于变异的生成有两个核心，即有效种子生成和变异能力。

(1) 外设感知的有效种子生成。初始化的种子输入往往要求满足接口输入的语法要求，以便为后续基于种子变异产生新的测试输入提供更好的基础。我们设计了外设感知的种子生成方法，对于环境外设（context peripherals），基于符号执行产生有效种子。对于网络外设（network peripherals），符号执行难以生成有效的数据包满足特定的交互协议格式，我们通过 Hook 函数替换网络接收函数，使其从本地读取有效数据包作为有效种子。

(2) 外设特征相关的变异操作。我们设计了外设特征相关的变异操作，用于固件测试用例的变异生成。变异操作的设计基于三个关键的发现：①外设访问是通过对外设对应的内存读写实现的；②环境外设的输入类型大部分是整数类型；③网络外设的输入类型往往是数据包格式。我们设计的变异操作类型如下：

● **比特翻转** 该变异操作会在现有种子的基础上翻转 1、4、8、16、32、64、128 个比特。

● **数学运算** 该变异操作会在现有种子的基础上与随机的整型数值进行加、减、乘、除等运算。

● **字典插入** 该变异操作会在现有种子的基础上插入一些来自字典的固定内容。

● **字节重写** 该变异操作会在现有种子的基础上用协议固定内容重写某些区域，如在协议数据包的特定区域重写固定的头部。

3. 混合生成调度

基于约束的生成优势在于可以生成有效的种子，驱动固件沿着一条有效的路径执行，基于变异的生成优势则在于能够产生多样化的输入探索更多的路径，尤其能够探索异常处理部分的代码路径。在实际的混合生成调度中，我们先使用基于约束的生成为每一个外设访问点提供有效的初始化种子。当外设访问点对应的种子队列长度大于预先设定的阈值时，融合基于变异的生成。然后，运用下列基于概率的调度以及基于轮询的调度策略对基于约束的生成与基于变异的生成进行调度，平衡二者的优势与开销。

（1）基于概率的调度。基于约束的生成与基于变异的生成之间的切换是基于人工配置的概率。我们设置了一个选择概率来决定调度阶段二者的使用。例如我们设置基于约束的生成的选择概率为30%，那么每一次面临选择时，我们有30%的概率选择基于约束的生成，有70%的概率选择基于变异的生成。

（2）基于轮询的调度。基于约束的生成与基于变异的生成之间的切换是基于配置的轮询次数。设置一个轮询最大次数对每一种生成方式进行约束，当其中一种生成方式的执行超出了轮询最大次数，就切换到另一种生成方式。例如我们设置轮询次数是10，那么当基于约束的生成连续使用次数达到10次，我们就切换到基于变异的生成再连续使用10次。

（三）多维覆盖反馈制导

难以插桩与收集覆盖度反馈对于实现物联网固件灰盒模糊测试技术是巨大的挑战，这也是现有的固件模糊测试工具如 RPFuzzer[57] 和 IoT-Fuzzer[69] 等全部使用黑盒方法的原因。我们提出了多维覆盖度反馈制导技术，利用 QEMU 的解释执行机制克服了上述挑战。固件在 QEMU 中模拟执行，首先会被翻译成其中间表示，我们用解释时追踪代替运行时追踪，实现了对固件执行（如执行的基本块、遇到的外设访问点等）相关反馈信的收集。

我们收集多维度的覆盖度信息作为反馈，包括基本块到基本块的迁移（BB2BB）以及外设访问点到外设访问点的迁移（PP2PP）。我们运用额外的外设访问点到外设访问点的覆盖信息作为反馈是希望调节模糊测试使其可以访问更多新的外设访问点。只要之前的外设已经被成功初始化并访问，再通过指导固件执行尽可能地访问新的外设就有更高的机会覆盖新的路径。

BB2BB 覆盖　基本块到基本块的迁移指的是从一个程序基本块执行到另一个程序基本块。我们使用一个基本块 A 的入口地址作为其唯一表示，表示为 ID（A），则从基本块 A 到基本块 B 的迁移可以唯一的表示为 $ID(A \rightarrow B) = ((ID(A) \ll 1) \oplus ID(B))$。追踪所有运行时出现的唯一的 BB2BB，因为覆盖的唯一性，BB2BB 的数目是 FICFG 的一个直接覆盖度指标。如果一个新的 BB2BB 被访问，那么一个包含该迁移的唯一标志及其访问标志的元组 < ID（BB2BB），Hit > 会被记录在一个共享比特数组中。如果一个外设事件触发了新的 BB2BB，那么我们把外设时间对应的种子当作是有趣的，并对其应用变异操作进行变异进而产生更多的种子。

PP2PP 覆盖　外设访问点到外设访问点的迁移表示的是固件程序从一个外设访问点到另一个外设访问点的执行。我们使用在外设访问点 A 进行外设访问的指令地址（如：ldr and str）作为其唯一性的标志，将其表示为 PID（A），进一步地，从外设访问点 A 到外设访问点 B 迁移唯一标识可以表示为一个元组 < PID（A），PID（B）＞。我们在运行时追踪所有唯一的 PP2PP，因为这是一个直接的 FPADG 的覆盖度指标。所有被访问的唯一的 PP2PP 都被存储到一个列表（List）之中，该 List 充当 PP2PP 覆盖度地图。如果一个外设事件触发了新的 PP2PP，我们会将该外设事件对应的种子存入相应外设访问点的种子队列中，同时把该种子当作是有趣的，并对其应用变异操作进行变异进而产生更多的种子。

反馈制导　基于覆盖度的反馈制导旨在最大化固件过程间控制流图以及固件外设访问依赖图的覆盖度。我们实现该目标的方式是结合底层遗传进化的思想，通过指导混合模糊测试触发新的 BB2BB 或者 PP2PP 覆盖的种子，在种子上进行变异以期望产生更多能够触发其他新的 BB2BB 或者 PP2PP 的测试用例。详细的反馈制导如算法 5.1 所示，其输入为对应于特定外设访问点的种子测试用例 S，输出为在该外设访问点触发漏洞信号的测试用例集合 T_x。当执行的测试用例 t 触发了新的 BB2BB 和 PP2PP，则基于 t 运用混合测试用例生成方法生成更多的测试用例。当 t 触发了典型漏洞信号，则将其保存至触发漏洞的测试用例集合中。为了解决固件模糊测试缺乏统一错误检测机制这一问题，我们在 COSTIN A[24] 等研究工作的启发下构建了通用的错误检测机制，用于检测基于微处理器的物联网固件典型漏洞。其中，栈监控主要用于识别栈溢出以及越界读写漏洞。我们监控所有直接或间接的函数调用以及反馈地址指令，检查相应的函数调用的返回地址是否被覆盖。同时，追踪所有的函数栈帧并检查是否有连续的内存访问操作越过了栈帧的边界。堆监控主要用于检测包括堆内指针时空误用造成的漏洞，如堆溢出、

Use – After – Free、Double Free 等。我们通过分析堆分配和释放函数的参数和返回值，记录堆对象位置和大小来实现检测目的。指令监控主要用于检测整数溢出与除零漏洞。通过监控每一条语句的执行，判断出指令的操作数寄存器是否为零，同时监控所有的运算指令，判断其最终结果是否超出了不同整数类型的范围。

算法 5.1 多维覆盖度反馈制导的混合模糊测试算法

输入：外设访问点 i 的种子测试用例集合 S

输出：外设访问点 i 发现漏洞的测试用例 T_x

1： $T_x = \varnothing$

2： $T = S$

3： whilelength（T）＜ Limit do

4： $T \leftarrow$ SymbolGenerate（ ）

5： end while

6： Repeat

7： t = Choose（T）

8： ＜BB2BB, PP2PP＞ = Execute（t）

9： ifHasNew（BB2BB）or HasNew（PP2PP）then

10： t' = HybridGenerate（t）

11： add t' to T

12： else iftriggerVulnerability（t'）then

13： add t' to T_x

14： end if

16： untiltimeout reached or abort – signal

第三节 相关工作

针对物联网固件镜像的动态分析主要以符号执行与模糊测试技术为主，下面从基于符号执行与基于模糊测试的固件分析两个方面来讨论相关工作。

基于符号执行的固件分析 FIE［36］基于对符号执行引擎 KLEE 的改进实现了基于固件源码验证固件安全性质，但是受限于 MSP430 体系架构。结合二进制符号执行技术，Firmalice［37］利用认证绕过漏洞的模型实现了对固件中存在后门问题的有效检测。Firmusb[38]基于 USB 协议的领域知识利用符号执行技术实现了对 8051 架构下 USB 固件功能的安全性分析。通过合并固件的 LLVM 字节码、汇编码、二进制库文件以及部分机硬件代码，Inception[39]扩展 KLEE 实现了对固件程序的安全性分析。

基于模糊测试的固件分析 通过向路由设备发送大量数据并检查 CPU 使用与日志文件，RPFuzzer[56]实现了对路由设备重启漏洞与拒绝服务漏洞的检测。IoTFuzzer[69]基于 IoT App 与活性分析技术实现了对物联网设备中内存破坏漏洞的黑盒分析。Avatar[70]及其拓展 avatar2[71]基于虚拟环境中的固件执行与真实外设设备同步实现了固件程序的动态分析。FIRMADYNE[72]利用内置修改的 Linux 内核抽象实现了对基于 Linux 的固件的 QEMU 全模拟执行。基于上述工作，FIRM – AFL[73]实现了对基于 Linux 的固件的高吞吐量灰盒模糊测试工具。不同于 FIRM –

AFL，我们关注对基于微控制器的固件进行灰盒模糊测试并检测典型固件漏洞。P2IM[74]基于对特定类型架构体系中寄存器访问模式的刻画建模外设访问行为，从而实现对固件的测试；我们则基于统一的符号化外设结合混合测试用例生成技术建模未知外设的交互行为。

第四节　本章小结

我们提出了虚拟外设驱动的混合模糊测试方法。首先，基于符号化外设模拟多样化的未知外设行为，实现了摆脱硬件设备依赖的固件虚拟执行；然后，基于混合测试用例生成方法为不同外设访问提供测试输入，实现了固件多维外设输入空间的探索；其次，基于多维覆盖度反馈（即基本块到基本块和外设访问点到外设访问点）与底层遗传进化机制制导固件模糊测试；最后，构建了通用的错误检测机制，可以有效地识别典型固件漏洞。实验评估（见 7.3 章节）表明该方法能够对多样化的固件镜像实现摆脱硬件设备依赖的虚拟执行与有效漏洞检测。

第六章

漏洞检测系统设计与实现

为了满足面向物联网设备的软件漏洞检测需求，通过有机整合上述污染数据驱动的漏洞静态分析、智能感知驱动的灰盒模糊测试以及虚拟外设驱动的混合测试方法，我们设计并实现了静、动态技术融合的软件漏洞检测系统 IoTBugHunter。本章将详解介绍 IoTBugHunter 的系统设计、模块功能与具体实现。

第一节　系统设计

面向物联网设备的软件漏洞检测系统如图 6 – 1 所示，输入为物联网设备软件，包括物联网第三方库、物联网通信协议、物联网固件镜像等；输出为检测的典型软件漏洞，包括检查缺失漏洞、缓冲区溢出漏洞、空指针引用漏洞、数组越界漏洞、Double Free 漏洞、Use-After-Free 漏洞、除零漏洞、模零漏洞、整数溢出漏洞等。

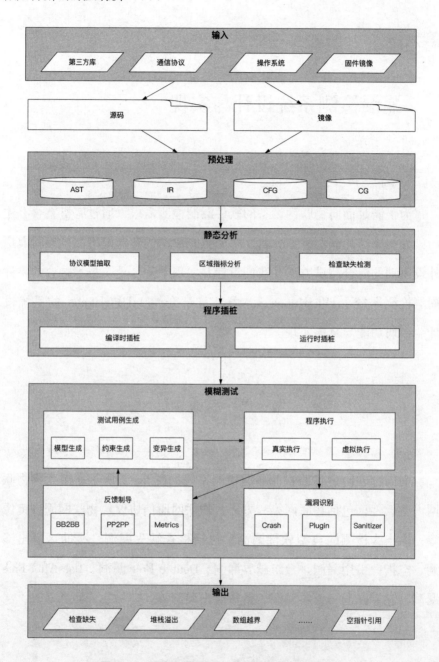

图 6 - 1　面向物联网设备的软件漏洞检测系统

该系统进行漏洞检测的一般流程如下：首先，IoTBugHunter 对输入的源码、二进制镜像等形态的软件制品进行预处理，将软件源码表示转换为语义等价的抽象语法树（Abstracct Syntax Tree，AST）或中间表示（Intermediate Representation，IR）；然后，基于 AST 与 IR 构建相应的过程内、过程间控制流图（Control Flow Graph，CFG）以及函数调用图（Call Graph，CG）；接着，基于预处理后的 AST、IR、CFG、CG，对软件程序进行静态分析。该静态分析主要有两个目的：其一是直接进行特定类型漏洞的检测（如检查缺失漏洞）；其二是抽取程序结构和语义信息辅助后续模糊测试制导，主要包括协议模型抽取和漏洞语义指标分析。接下来，在软件程序插桩植入反馈制导过程中收集的基本块标识、区域指标权重等信息，可用于后续模糊测试。一般针对源码采用编译时插桩，针对二进制镜像采用运行时插桩。在模糊测试阶段，基于约束生成与变异生成的测试用例生成方法产生大量的测试输入，并驱动软件程序在真实环境或者虚拟环境中执行，运行时收集各种覆盖度反馈信息并基于底层遗传算法优化测试用例生成。与此同时，利用典型漏洞识别机制分别追踪指令执行过程中堆栈空间的违反安全规则的现象，检测诸如缓冲区溢出等典型软件漏洞。

第二节 模块功能与实现

我们设计并实现的面向物联网设备的软件漏洞检测系统主要由以下核心模块构成，包括：预处理模块、协议模型抽取模块、区域指标分析模块、缺失漏洞检测模块、程序插桩模块、测试用例生成模块、程序执行模块、反馈制导模块以及漏洞识别模块。下面介绍各模块的功能与实现。

　　预处理模块主要负责将输入系统的软件源码以及二进制镜像转化为抽象语法树以及中间语言表示，并在抽象语法树或中间表示的基础上分别构建相应的过程内、过程间控制流图与函数调用图，为后续静态分析奠定基础。我们基于 Clang/LLVM① 实现了对程序源码的预处理。其中，基于 Clang 前端解析程序源码得到每个文件的抽象语法树，基于 LLVM 编译得到每个文件的中间表示，并通过链接多个文件的 IR 合并成一个完整的 IR 文件。针对 AST 以及完整的 IR 分别实现了相应的过程内、过程间函数控制流图与函数调用图的构建，为后续基于静态分析的协议模型抽取、区域语义指标分析以及检查缺失检测提供了分析基础。

　　协议模型抽取模块主要负责从物联网通信协议源码中抽取协议消息数据包格式并构建协议状态机模型。我们基于 LLVM 中间表示实现了相应的 passes 用于定位消息读写函数、识别协议状态相关循环体、定位协议状态变量、抽取协议状态迁移约束以及构建协议状态机。即 get – network – io. so、loop – identifier. so、state – var – identifier. so、get – path – constraints. so、construct – state – machine. so。其中，协议状态迁移约束的抽取是基于符号执行引擎 KLEE 实现，通过拓展 KLEE 引擎，使其支持从特定程序点开始沿指定路径进行符号执行，并收集该路径的约束集合。

---

① 资料来源：llvm 官网

区域指标分析模块主要负责从软件源码中抽取漏洞区域相关的四种语义指标，即敏感指标、复杂指标、深度指标以及罕至指标，用于后续的程序插桩，并在运行时收集相应执行路径区域的对应语义指标反馈权重，制导测试资源向更可能出现漏洞的区域推进，并分配更多的测试资源。我们基于 LLVM IR 表示，针对设计的每一种漏洞区域相关语义指标实现了相应 LLVM Passes 用于区域语义指标分析，主要包括 afl－llvm－getSensitive－pass.so、afl－llvm－getComplexity－pass.so、afl－llvm－getDepth－pass.so、afl－llvm－getRareReach－pass.so。我们同时实现了相应的编译工具 afl－clang－preprocess 来调用这些 passes，调用是通过对应的环境变量进行控制的。区域指标分析的结果表现为程序基本块及其对应的指标权重，形如 <程序基本块，指标权重>，我们以文件（weight－file）形式输出分析结果，以便于后续的处理。

检查缺失检测模块主要负责检测软件代码中外部可操控的不可信数据在安全敏感操作中使用之前缺乏恰当检查（即检查缺失）的漏洞。我们基于软件程序的 AST 表示，实现了过程间控制流图与函数调用图的构建；结合用户提供的配置文件，运用轻量级静态分析对四种典型的安全敏感操作进行定位，包括除/模运算、敏感 API 调用以及数组下标访问；基于过程内与过程间静态污染分析构建了污染数据池，提供了相应的查询接口，支持对给定安全敏感操作中使用的数据进行污染判定；基于后向数据流分析技术，实现了可定制层数的检查缺失漏洞存在性的探索；基于静态分析抽取检查缺失漏洞所在函数的上下文安全指标计算检查缺失漏洞的风险程度；最后以 XML 格式报告高风险的检查缺失漏洞的详细信息。

　　程序插桩模块主要负责对程序基本块进行标识并将相应的区域代码指标信息植入到对应的基本块，以便于后期运行时收集基本块到基本块的迁移覆盖程度以及执行路径区域上的代码指标权重作为反馈信息。我们基于 AFL 中的插桩机制实现了相应的信息插桩，插桩代码是一段汇编负责在编译时跟踪每一条跳转指令。如果遇到一个新的基本块，一方面通过生成一个随机数作为该基本块的 ID 对其进行标识，另一方面通过读取我们静态分析抽取的区域指标文件 weight－file，其中存储了每一个基本块对应的语义指标值。我们将该基本块地址对应的语义指标值以类似于随机数的方式插入到基本块头部完成插桩。

　　测试用例生成模块主要负责为模糊测试生成有效或半有效的测试输入，用以探测软件程序状态空间。该模块融合了基于模型的生成、基于约束的生成、基于变异的测试用例生成机制。面向协议灰盒模糊测试，基于 Json 文件对静态分析抽取的协议语法格式以及状态机进行建模，通过构建的模型为协议模糊测试生成满足语法格式的有效测试输入。运行时，运用 AFL 的变异操作对已有的测试用例进行变异进而生成更多的测试用例。此外，面向物联网固件镜像的不同外设输入，我们结合基于约束生成的符号执行与基于变异生成的模糊测试，为不同的外设提供不同的有效输入。针对环境外设则利用符号执行探索程序路径进行路径约束求解生成测试用例，针对网络外设则通过 Hook 方法重写数据接收函数，使其读取本地有效数据包作为有效输入。运行时基于覆盖度反馈与遗传算法优化测试用例生成。我们基于符号执行引擎 Angr 实现了基于约束生成的测试用例生成，基于拓展 AFL－QEMU 的变异操作实现了基于变异生成的测试用例生成，基于 Avatar2 实现了融合 Angr 与 AFL－

QEMU 的混合测试用例生成。

程序执行模块主要负责在真实或虚拟执行环境中运行待测试的软件程序。通过将生成的测试用例提供给执行环境中运行的软件，驱动软件程序快速执行，为后续的反馈追踪与测试制导模块以及漏洞识别奠定基础。对于可在真实系统环境下直接执行的软件对象，我们基于 Linux 或 Windows 环境直接运行。对于固件镜像，其真实环境的运行往往依赖于大量硬件设备，而基于 QEMU 环境的虚拟执行又受限于 QEMU 对多样外设的支持，我们基于 AFL - QEMU、Angr、Avatar2 构建了面向微控制器的物联网固件虚拟执行环境①，通过符号化外设模型未知外设行为，实现了摆脱硬件设备依赖的固件镜像虚拟执行。核心技术的实现细节如下：

- ***I/O 交互*** 物联网固件镜像运行在 QEMU 中，我们将访问未知外设的 I/O 操作重定向到统一符号化外设，该符号化外设基于符号执行技术模拟未知外设的合法行为，基于变异生成技术模拟未知外设的无约束行为。符号化外设与运行在 QEMU 中的固件镜像进行实时交互。我们基于 Avatar2 实现了这一功能，Avatar2 中内置了远程内存访问机制，对于未被标识的内存区域的访问会被转发到一个 Python 脚本。通过修改该 Python 脚本使其充当符号化外设，并基于 Angr 与 AFL 融合使其拥有生成混合试用例的能力，从而实现了对未知外设行为的有效模拟。

- **状态转移** Avatar2 使用 GDB 接口同步不同运行实例之间的寄存器与内存状态信息，但状态同步时要求运行实例必须停止。在进行固件

---

① 资料来源：Github 官网

镜像模糊测试时，由于无法事先预测固件执行到未知外设进行访问的点并提前设置断点，需要通过 On – the – fly 的同步机制克服这一问题。当固件执行遇到未知外设时，我们基于回调函数调用 QEMU 内部函数来暂停固件执行，同时基于共享内存的进程间通信实现了状态转移。我们建立了一个 POSIX 共享内存对象并绑定到了固件执行的 RAM 区域，在QEMU 中运行的相应状态信息会被写入该共享内存中，符号执行引擎可以通过直接读取该共享内存获取 QEMU 暂停点对应的固件执行状态信息。

• **限界执行** 我们通过 QEMU 的快照机制实现了对任意片段固件程序的高性能迭代执行。用户直接在 Python 脚本中配置边界信息（即需要测试的固件程序开始点与结束点），只要该开始点可达，就可对两点之间的固件程序反复执行。边界信息中的开始点与结束点用对应指令地址进行描述。当固件执行到达配置设定的开始点，我们会建立并保存当前状态的一个快照，然后结束当前执行。下一次执行则直接通过加载快照文件从开始点执行，后续的测试则控制在开始点与结束点之间反复迭代。

反馈制导模块主要的功能是在模糊测试过程中，收集软件在执行环境中运行测试用例时的覆盖度信息、路径指标权重信息以及其他运行时信息（如执行时间等）作为反馈，并基于反馈信息对测试用例进行过滤与优化。我们建立 64KB 共享内存实现了运行时基本块到基本块迁移的覆盖度信息收集与维护，通过监控每一条分支跳转指令，对前一个基本块的 ID 与后一个基本块的 ID 做异或运算作为该边的唯一标识，并判断该边的值在 64KB 的 bitmap 数组是否出现并更新该边对应的访问次

数。为了增强对区域代码指标信息的追踪与维护，在 64 位架构下我们
使用额外的 16 字节共享内存存储收集的路径代码指标权重。前八个字
节用以保存累积的指标权重，后八个字节用以记录基本块被访问的次
数。针对固件镜像程序，我们基于共享内存机制与 pickle 库①实现了对
覆盖度信息的收集与维护。在固件镜像执行时，在模糊测试工具与执行
环境 QEMU 之间建立共享内存，该共享内存用于保存 BB2BB 覆盖度信
息。同时，我们建立了一个共享的 Python 列表用于维护固件镜像执行
过程中外设访问点到外设访问点的覆盖信息。我们基于遗传算法实现了
固件模糊测试制导，如果一个测试用例触发了新的覆盖度，即 BB2BB
或 PP2PP，则根据反馈信息计算该测试用例的属性值并进行更新，将其
存入种子队列，以用于后续的变异生成。反之，如果没有对覆盖度增长
有所贡献，则过滤该测试用例。

　　漏洞识别模块主要负责监控软件运行时的状态信息，发现并报告异
常行为与现象，达到检测典型软件漏洞的目的。对于有着明显可见崩溃
信号的软件执行来说，我们利用如 Linux 等系统提供的各种崩溃检测机
制（如 segment fault 等）进行漏洞识别，同时使用诸如 Address Saniti-
zer[180]、Memory Sanitizer[181]、Data Flow Sanitizer[182]、Thread Saniti-
zer[183]来提高漏洞识别的敏感程度。对于缺乏内存管理单元并且只能在
虚拟环境执行的固件镜像（如基于微控制器的固件镜像），我们使用基
于 QEMU 实现的典型错误检测机制来识别典型软件漏洞。该错误检测
机制主要由三个 QEMU TCG 追踪插件②构成，即栈监控插件、堆监控插

---

　　① 资料来源：Python 官网
　　② 资料来源：Github 官网

件、指令执行监控插件。

● **栈监控插件**　该插件通过监控所有函数调用以及反馈地址命令，判断相应的函数调用的返回地址是否被覆盖来识别栈溢出漏洞。同时通过追踪所有的函数栈帧并检查是否有连续的内存访问操作，越过栈帧的边界来定位越界漏洞。

● **堆监控插件**　该插件通过分析堆分配和释放函数的参数和返回值，实时记录堆对象位置和大小来检测包括堆溢出、use – after – free、double – free 等漏洞。

● **指令监控插件**　该插件通过监控每一条语句的执行，判断除/模指令的操作数寄存器是否为零来识别除零与模零漏洞。同时检查所有的运算指令，判断其最终结果是否超出了不同整数类型的范围来定位整数溢出漏洞。

第三节　本章小结

　　我们设计并实现了面向物联网设备的软件漏洞检测系统 IoTBu-gHunter，并详细介绍了该系统进行漏洞检测的流程及其核心模块的功能与实现。IoTBugHunter 支持对第三方库、操作系统、通信协议以及固件镜像在内的物联网设备软件进行静态分析和模糊测试，能够有效检测检查缺失、缓冲区溢出、数组越界、空指针引用等典型安全漏洞。

第七章

实验评估

本章设计并实施了大规模实验，对构建的物联网软件漏洞检测系统IoTBugHunter 进行了评估，验证了系统的有效性与效率。同时，将详细介绍污染数据驱动的漏洞检测静态分析、智能感知驱动的灰盒模糊测试以及虚拟外设驱动的混合模糊测试的实验评估过程与结果。

第一节　污染数据驱动的漏洞静态分析评估

本节从 IoTBugHunter 检查缺失漏洞检测的有效性、效率以及与相关工具的对比三个方面，评估了污染数据驱动的漏洞静态分析技术。

（一）评估问题

通过以下三个问题来评估 IoTBugHunter 检测检查缺失漏洞的效果。

- 问题 1：IoTBugHunter 进行检查缺失漏洞检测的有效性如何？

- 问题 2：IoTBugHunter 进行检查缺失漏洞检测的效率如何？

- 问题 3：IoTBugHunter 与相关检查缺失漏洞检测工具的对比效果如何？

（二）评估过程和结果

为了回答上述问题，下面给出针对每个评估问题设计并实施的具体评估过程以及最终的评估结果。

1. 检查缺失检测的有效性

本书从静态污染分析的精确性、检查缺失检测的准确性以及诊断潜在漏洞的能力三个方面，评估了 IoTBugHunter 进行检测检查缺失漏洞的有效性。

（1）静态污染分析的准确性。检查缺失漏洞检测的有效性依赖于静态污染分析的准确性。因此我们选取了包含重要污染传播情形（如指针、别名、函数调用等）的测试集[252]来评估静态污染分析的准确性。以 Listing7.1 中所示的代码为例来进行详细说明。

在 Listing7.1 中，函数 tainted（）在黑名单中，其返回值默认是污染的，所以第 14 行的变量 x 是污染的。在第 27 行，p1 的成员变量 m 被 x 赋值。因为结构体被看作一个整体，如果其中一个成员变量是污染的，那么整个结构体对象就是污染的，所以 p1 是污染的。同时，a1 和 p2 也是污染的，因为它们指向了同一个内存地址。如第 28 行所示，变量 c 的初始值是函数 func（x）的返回值。函数 func（）的污染类型为 Gamma（in），则该函数的具体污染情况由实参决定，而该函数的实参 x 是污染的，所以 c 也是污染的。代码第 29 行展示的是函数指针作为参数的污染传播情形。函数 pointer_ param_ in（）返回值的污染类型为 Gamma（pin），即具体污染情况由实参决定。而其实参为 c 的地址，c 是污染的，所以 ret1 也是污染的。在第 30 行，变量 b 被初始化为常亮，变量 b 未被初始化，b 是函数 ref_ param_ out（）的实参。根据函数

```
1    int tainted();
2
3    struct A{
4      int m;
5    };
6
7    int func(int in){
8      int a = in;
9      return a;                    /* TaintValue(func)=Gamma(in) */
10   }
11
12   int pointer_param_in(int* pin){
13     int x = *pin;
14     return x;                    /* TaintValue(func)=Gamma(in) */
15   }
16
17   int* ref_param_out(int& pout){
18     pout = tainted();
19     return & pout;
20   }
21
22   int test_pointer(){
23     int x = tainted();           /* x = tainted */
24     struct A a1;
25     struct A* p1 = &a1;
26     struct A* p2 = p1;           /* a1, p1, p2 are untainted*/
27     p1->m = x;                   /* a1, p1, p2 = tainted */
28     int c = func(x);             /* c = tainted */
29     int ret1 = pointer_param_in(&c);     /* ret1= tainted */
30     int b = 1;                   /* b = untainted */
31     int* ret2 = ref_param_out(b);        /* b = tainted, ret2 = tainted */
32     return 0;
33   }
```

Listing 7.1 静态污染分析准确性评估代码示例

ref_ param_ out （ ）的定义，其入参 pout 会被污染，并且返回其污染地址，所以函数 ref_ param_ out （ ）的实参和返回值都是污染的，即变量 b 和 ret2 都是污染的。

实验结果验证了静态污染分析结果的准确性。静态污染分析可以准确地分析多样的 C/C++ 表达式以及污染传播情形；可以处理变量定义与赋值、返回值，包含结构体、指针、引用赋值的传播以及指针和引用作为函数参数的传播等。

(2) 检查缺失检测的准确性。为了评估工具进行检查缺失漏洞检测的准确性，我们用 IoTBugHunter 分析了大规模的开源第三方库，并统计了相应的误报情况。选择如表 7 – 1 所示的分析对象是因为：（1）Chucky[224] 等相关工作者已经选择使用其中的一部分作为分析对象；（2）这些开源项目仍处于活跃的维护与更新中；（3）这组分析对象在规模与功能上存在多样性。

实验结果如表 7 – 1 所示，其中 AST 队列长度设置为 100，敏感 API 使用设置为如 memcpy 等的一组内存相关、字符串相关的函数。

表 7 – 1 表明我们的工具可以高效地检测检查缺失漏洞，平均误报率仅为 13%，针对除零与模零的检查缺失漏洞误报率为 15.44%，针对数组下标访问的检查缺失漏洞误报率为 14.43%，针对敏感 API 使用的检查缺失漏洞误报率为 7.48%。现阶段误报的产生是由于处理保护检查类型有限，有一些保护检查以断言或自定义的函数形式实现，现阶段只处理了在 *IfStmt*、*WhileStmt*、*ForStmt* 和 *SwitchStmt* 语句中以条件表达式形式存在的安全保护检查。

表 7 – 1　IoTBugHunter 检测检查缺失漏洞的有效性与效率

Project	AST	Func	Loc	T（s）	Sp（M）	Missing Check Warnings			False Positive
						Divide/Mod – Zero	Array – Index	Sensitive – API	
Php – 5. 6. 16	634	8499	497602	619. 93	2793. 2	43（14）	34（2）	96（7）	13. 29%
Openssl – 1. 1. 0	589	5692	284518	448. 23	858. 4	7（1）	32（6）	28（3）	14. 93%
Pidgin – 2. 11. 0	38	966	328153	37. 57	471. 7	27（3）	16（4）	63（6）	12. 26%
Libpng – 1. 5. 21	60	337	24621	17. 69	176. 9	3（0）	4（0）	13（3）	15. 0%
Libxml2 – 2. 9. 9	88	4618	230235	47. 82	707. 1	23（0）	10（2）	25（0）	3. 45%
Libtiff – 4. 0. 6	80	790	69608	18. 48	207. 3	72（6）	6（4）	4（0）	12. 19%
Tengine – 2. 2. 3	127	1663	173830	118. 87	1135. 5	22（3）	5（0）	83（2）	4. 54%
WavPack – 5. 1. 0	23	245	32923	5. 54	78. 4	14（8）	0（0）	99（3）	9. 73%
Libsass – 3. 5. 5	46	726	29812	7. 11	477	4（8）	4（0）	29（7）	18. 91%
Jasper – 2. 0. 14	54	674	30352	12. 23	169. 1	22（2）	0（0）	1（0）	8. 69%
Espruino – 2v01	96	1997	1141645	19. 97	335. 7	8（3）	8（1）	6（3）	31. 82%
Libvips – v8. 7. 4	411	5333	167730	1378. 8	1095. 1	236（4）	13（2）	27（4）	5. 71%
ImageMagick – 7. 0. 8	255	3519	564420	564. 33	1032. 2	168（23）	6（2）	110（1）	9. 42%
Libgit2 – v0. 27. 7	431	5973	188113	668. 13	815. 2	3（1）	6（0）	51（3）	6. 56%
Libharu – 2. 3. 0	58	807	151996	11. 28	225	17（9）	15（0）	2（0）	26. 47%
Tsar – 1. 0	30	129	6138	10. 37	149. 7	19（5）	8（0）	1（0）	17. 85%
Coreutils – 8. 30	395	1757	206751	117. 91	10. 2	55（12）	9（2）	49（8）	19. 48%
Nasm – 2. 14. 02	81	684	93954	23. 04	458. 1	0（0）	4（3）	18（0）	13. 62%
Libssh2 – 1. 8. 0	57	368	31589	11. 34	220. 9	1（0）	7（1）	20（1）	7. 14%
Libpostal – v1. 1. a	43	787	578235	87. 52	1256. 5	9（2）	0（0）	64（8）	13. 69%
Average False Positive						15. 44%	15. 43%	7. 48%	13. 23%

表 7 – 2 已知漏洞的发现

Project	File	Function	Vulnerability
Openssl – 1. 1. 0	stalen_ dtls. c	BUF_ MEM_ grow_ clean	CVE – 2016 – 6308
Pidgin – 2. 10. 11	protocol. c	mxit_ send_ invite	CVE – 2016 – 2368
Libpng – 1. 5. 21	pngrutil. c	png_ read_ IDAT_ data	CVE – 2015 – 0973
Libtiff – 4. 0. 6	tif_ fax3. c	_ TIFFFax3Fillruns	CVE – 2016 – 5323
Libtiff – 4. 0. 6	tif_ packbits. c	TIFFGetField	CVE – 2016 – 5319

（2）**诊断潜在漏洞的能力**。通过将已知漏洞中涉及的敏感 API 加入配置文件中，运用 IoTBugHunter 分析相应的代码，实现了对已知检查缺失漏洞的有效定位。实验结果如表 7 – 2 所示，IoTBugHunter 可以有效诊断来自国家漏洞库①的已知漏洞。我们挑选了 5 个已知漏洞进行复现，因为根据 CVE 的描述，这些漏洞产生的根本原因是由于检查缺失，适于验证工具对检查缺失漏洞检测的有效性。

IoTBugHunter 已经在最新的开源项目上发现了 12 个已被开发者确认的检查缺失漏洞②。我们运用动态方法对其中一些缺陷进行了确认，两个未知漏洞通过模糊测试的方式获取了相应的 POC（Proof Of Concept），可以对目标程序 jabberd2 造成崩溃③。jabberd2 是一个被广泛使用的 XMPP 协议服务程序，Listing7. 2 展示了其中由检查缺失问题导致的漏洞实例。

---

① 资料来源：NVD 官网
② 资料来源：Google Sites 官网
③ 资料来源：Github 官网

```
1    /* turn an xml file into a config hash */
2    int config_load_with_id(config_t c, const char *file, const char *id)
3    {
4      ......
5      char buf[1024], *next;
6      ......
7      for(i = 1; i < bd.nad->ecur && rv == 0; i++)
8      {
9        ......
10       next = buf;
11       for(j = 1; j < len; j++)
12       {
13         strncpy(next, bd.nad->cdata + path[j]->iname, path[j]->lname);
14         next = next + path[j]->lname;
15         *next = '.';
16         next++;
17       }
18       next--;
19       *next = '\0';
20       ......
21     }
22   }
```

Listing 7.2　jabberd2 中的检查缺失漏洞

函数 configloadwithid（）负责将 XML 配置文件编码存储到哈希表中，路径数组 path 用于存储解析配置文件的结果。在第 7 行的循环中，strncpy 是一个内存相关的敏感操作，该循环将来自 bd. nad－＞cdata＋path［j］－＞lname 的数据拷贝到 buf。路径 path 是一个可以被外界 XML 配置输入影响的敏感数据。代码实现中对于 path［j］－＞lname 的大小缺乏相应的保护检查，因为 buf 的总大小为 1024，所以当 path［j］－＞lname 的实际大小大于 1024 时，该检查缺失漏洞将会造成一个缓冲区溢出漏洞。

结论：IoTBugHunter 能够以较低的误报率进行检查缺失漏洞检测（问题 1）。

2. 检查缺失检测的效率

我们从静态污染分析的性能以及工具在大规模程序上的可扩展性两个方面，来评估检查缺失漏洞检测的效率。

（1）静态污染分析的性能。 实验结果如表 7 - 3 所示，$\#Loc$ 表示项目的代码行数，$\#AST$ 表示项目中 AST 文件数目（即源码文件数目），$\#Total$ 表示出现的变量总数。由于每一个基本块的污染环境是不同的，变量的污染类型是上下文敏感的，因此 $\#Total$ 统计的是在所有基本块中出现的所有变量的数目。$\#TVar$ 表示的是污染变量的数目。$TPerc = \#TVar \div \#Total$ 表示的是程序内部变量对外部输入的依赖程度。T（s）表示污染分析的时间开销。Sp（M）则表示污染分析所需要的内存开销。

表 7 - 3　静态污染分析性能的实验评估结果

Project	#Loc	#AST	#Total	#TVar	TPerc（%）	T（s）	Sp（M）
Circles	84	1	197	164	83.25	0.95	0
Queue	227	2	244	79	32.38	0.33	0
ABR	408	3	626	300	47.92	0.64	0
Huffman	499	5	809	426	52.66	0.74	20.6
ArmAssembler	2071	3	65024	9173	14.11	1.69	40.4
Mailx	14609	29	47643	15449	32.43	2.58	76.7

从表 7 - 3，可知 IoTBugHunter 中的静态污染分析能够很好地处理不同规模的项目，且时间开销较低，可以在 2.58 秒内仅用 76.7M 的内存空间分析完 10K 代码量的项目 *mailx*。实验结果表明 IoTBugHunter 能对包含各种 C/C＋＋ 表达式与数据结构的复杂程序进行有效的污染分析。

（2）检查缺失检测的可扩展性。表 7 - 1 统计了分析项目的规模以及相应的时空开销。从表中可知 IoTBugHunter 可以在 619.93 秒内对代码规模近 50 万行的项目 PHP - 5.6.16 完成分析，该结果证明了 IoTBugHunter 可以有效地处理大规模程序。

基于 PHP 项目，我们统计运用 IoTBugHunter 的分析随着 AST 文件数目、代码行数以及函数数目增长所需要的时间开销增长情况。图 7 - 1 中的所有子图显示 IoTBugHunter 分析算法的复杂度是线性的，证明了 IoTBugHunter 在分析对象的规模上是可扩展的。此外，通过设定不同的 AST 队列长度，在同样的项目上评估了缓存机制优化内存开销的效果。图 7 - 2 中所示的实验结果表明当 AST 队列设置较小时，IoTBugHunter 可以实现以极低的内存开销完成对如 PHP - 5.6.16 等大规模程序对象的分析。当 AST 队列长度设置较小时，IoTBugHunter 会频繁地从 AST 队列中载入和载出 AST 文件，从而消耗更多的时间。但是，当 AST 队列的大小超过目标程序 AST 文件的总数时（如对于 PHP - 5.6.16 来说是 634），由于所有的 AST 文件会在一开始就全部载入内存，其时空开销会保持稳定（即 5898MB 和 304s）。

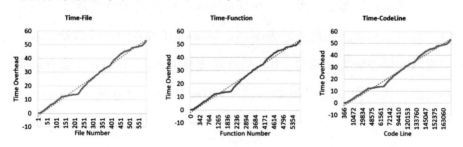

图 7 - 1　IoTBugHunter 检测检查缺失随对象规模增长需要的时间开销

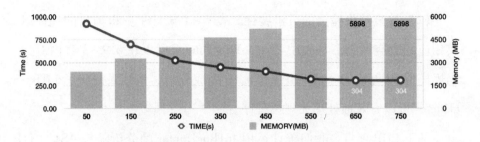

图 7 – 2　IoTBugHunter 检测检查缺失中内存优化的效果

结论：IoTBugHunter 可以以较低的时空开销实现对大规模程序的分析并有效检测检查缺失漏洞（问题 2）。

3. 工具对比分析

目前对检查缺失漏洞进行检测的相关研究主要是 Chucky[2] 和 RoleCast[225]。我们从三个方面对比分析 IoTBugHunter、Chucky 与 RoleCast 的情况：（1）支持的语言；（2）可检测的检查缺失漏洞类型；（3）平均误报率。

表 7 – 4 显示 IoTBugHunter 和 Chucky 可以处理 C/C + + 程序，而 RoleCast 关注于 PHP 和 JSP 语言。三个工具都可以检测对于敏感 API 使用的检查缺失漏洞。此外，IoTBugHunter 还能检测针对除零、模零以及数组下标访问的检查缺失漏洞。Chucky 和 RoleCast 可以处理对安全逻辑的检查缺失。同时，RoleCast 还支持对 Sql – Injection 检查缺失漏洞的检测。在平均误报率方面，IoTBugHunter 明显优于 Chucky 和 RoleCast。

表 7 − 4 IoTBugHunter, Chucky 与 RoleCast

检查缺失漏洞类型	C	C + +	PHP	JSP
missing divide − zero check	√	√		
missing mod − zero check	√	√		
missing array − index − bound check	√	√		
missing sensitive − APIs usage check	√†	√†	·	·
missing security logic check	†	†	·	·
missing sql − injection check			·	·
Tool：	IoTBugHunter（√）　　Chucky（†）　　RoleCast（·）			
False Positive：	13. 23%　　20%　　23%			

我们选取同一个项目（即 Libpng − 1. 2. 44），针对敏感 API 使用（即 png_ memcpy、png_ malloc、png_ free、strcpy）的检查缺失漏洞检测，对 Chucky 和 IoTBugHunter 进行了更严格的实验比较。

选取该项目以及相应敏感 API 的原因如下：（1）该项目已被 Chucky 实验分析过，如分析的敏感 API 等相应的配置信息在论文中已有相应的描述。（2）Chucky 由于缺乏维护，实际中难以使用，在分析其他程序时遇到了问题，并且该问题已早在 Github 中被提出①，但是没有得到响应与解决。

我们分别运用 Chucky 和 IoTBugHunter 分析 Libpng − 1. 2. 44，检测相同敏感 API 使用的检查缺失漏洞，收集二者报告的警告信息，并统计相应的时间开销与误报率。实验结果如表 7 − 5 所示，由于 Chucky 是基

———————

① 资料来源：Github 官网

于差异分数的高低来检测缺陷，所以在选择该工具的警告信息进行统计时，我们只选取了分数大于 0.5 的警告信息。

表 7 - 5 IoTBugHunter 与 Chucky 对敏感 API 使用检查缺失漏洞检测的对比

Project	Sensitive API	Chucky			IoTBugHunter		
		Time (s)	Total (FPN)	FP (%)	Time (s)	Total (FPN)	FP (%)
Libpng 1.2.44	png_ memcpy	85.78	11 (5)	45.45	6.43	17 (2)	11.76
Libpng 1.2.44	png_ malloc	123.86	10 (2)	20.00	6.43	4 (0)	0
Libpng 1.2.44	png_ free	134.22	23 (7)	30.43	6.43	27 (5)	18.51
Libpng 1.2.44	strcpy	31.92	0 (0)	–	6.43	5 (0)	0
Average		93.94	11 (3.5)	31.81	6.43	13.25 (1.75)	13.20

从表 7 - 5 中可知，对于相同的敏感 API 的检测，IoTBugHunter 比 Chucky 检测出更多的检查缺失漏洞，并且误报率更低。例如对于敏感 API "png_ memcpy" 和 "png_ free"，IoTBugHunter 的检测结果中不仅包含 Chucky 检测出的所有警告信息，还包含了 Chucky 没有检测出的检查缺失漏洞。Chucky 之所以无法检测某些检查缺失漏洞是因为其检测方法是基于异常检测，通过计算敏感操作与其 N 个相邻类似操作之间的差异来定位检查缺失漏洞。但是如果该敏感操作及其所有的邻居都不包含安全保护检查，则 Chucky 就无法检测成功。例如 IoTBugHunter 发现 5 个位置使用 strcpy 函数，但是 Chucky 却无法检测。另外，对于 "png_ malloc"，Chucky 比 IoTBugHunter 检测出了更多的检查缺失漏洞，但是报告信息中 4 种皆为 "png_ malloc（PNG_ MAX_ PALETTE_ LENGTH）"，其参数是常量而非变量，这就意味着该情形下不会被外界

输入影响而造成安全攻击漏洞。IoTBugHunter 并没有对此进行报告，因为其在对每一个敏感操作探索检查缺失漏洞之前需要基于静态污染分析判断其使用的敏感数据是否是可污染的，进而判断其可利用性。此外，IoTBugHunter 的时间开销要明显小于 Chucky，平均而言 IoTBugHunter 的时间开销是 Chukcy 的 1/14。造成这一现象的主要原因是 Chucky 花费大量的时间在查询存储编码过的程序数据库，而此举异常耗时。

结论：IoTBugHunter 在支持的检查缺失漏洞类型、误报率以及性能方面都明显优于现有工具（问题 3）。

第二节　智能感知驱动的灰盒模糊测试评估

本节将从协议模型感知、漏洞区域感知、变异粒度感知的有效性以及与相关工具的对比表现四个方面设计并实施实验来评估智能感知驱动的灰盒模糊测试技术。

（一）评估问题

通过回答以下评估问题来展示系统进行物联网通信协议实现灰盒模糊测试的效果。

- 问题 4：协议模型抽取的有效性如何？
- 问题 5：漏洞区域感知的有效性如何？
- 问题 6：变异粒度感知的有效性如何？
- 问题 7：与相关工具对比的效果如何？

（二）评估过程和结果

为了回答上述问题，下面给出针对每个评估问题设计并实施的具体评估过程以及最终的评估结果。

1. 协议模型抽取的有效性

我们选取了如下表 7-6 所示的典型物联网通信协议实现为测试对象，来评估协议模型抽取方法的有效性。之所以选择这些协议，一方面是因为它们是目前面向物联网设备的软件开发过程中被广泛使用、不断更新的典型通信协议实现；另一方面是因为这些协议实现在代码规模、协议类型等方面具有多样性和普遍性。

表 7-6　模型抽取有效性评估的协议测试集

Protocols	Langauge	#Loc	#Commit	#Star	Protocl Implementations
NFC	C/C + +	15, 434	2, 039	369	https：//github. com/nfc - tools/libnfc
MIDI	C/C + +	3, 042	5	12	https：//github. com/Marquisde-Geek/midilib
MQTT	C/C + +	33, 429	1, 829	3, 200	https：//github. com/eclipse/mos-quitto
SSL	C/C + +	516, 007	21, 175	5, 980	https：//www. openssl. org/
VPN	C/C + +	85, 536	2, 470	4, 300	https：//github. com/Open VPN/openvpn
LWM2M	C/C + +	106, 319	1, 045	59	https：//github. com/FlowM2M/AwaLWM2M
COAP	C/C + +	35, 125	1, 120	191	https：//github. com/obgm/libcoap
LORA	C/C + +	5, 567	749	640	https：//github. com/Lora - net/packet_ forwarder

我们运用 IoTBugHunter 对表 7-6 中的协议源码进行了静态分析并构建了相应协议状态机,实验结果如图 7-3 所示。其中,每一个协议实现中会抽取多个不同层次的协议状态机,由于篇幅有限,对于每一个协议实现,我们只展示一个协议状态机图。实验结果通过验证表明了抽取协议状态机的正确性。

结论:协议模型抽取技术可以有效地从协议源码中抽取协议状态机(问题 4)。

2. 漏洞区域感知的有效性

对应于四种区域指标感知制导,我们拓展 IoTBugHunter 分别实现了对应于敏感度指标感知制导的 IoTBugHunter - Sen、对应于复杂度指标感知制导的 IoTBugHunterz - Com、对应于深度指标制导的 IoTBugHunter - Deep 以及对应于罕至指标制导的 IoTBugHunter - Rare。并选取 AFL 作为基准,在选定的测试集上,分别用四种区域指标感知制导的灰盒模糊测试工具测试 24 小时,收集了三种度量指标包括:(1) 触发第一个崩溃的时间(first);(2) 找到的所有崩溃数目(#crash);(3) 探索的程序路径总数(#path)。同时,我们用 Mann - Whitney 度量指标[237]来衡量漏洞区域感知制导技术带来效率提升的统计学意义。

触发第一个崩溃的时间是用于评估不同模糊测试资源分配策略的重要度量指标。如表 7-7 所示,在触发第一个崩溃方面,四种语义指标制导的模糊测试效率要优于 AFL。四种语义指标制导模糊测试带来的时间上的节省分别为 35.91%、3.95%、47.38% 和 28.18%。其中,深度指标制导的模糊测试在选定的测试集上表现最佳。这在一定程度上说明了深度区域往往由于缺乏充分的测试而潜藏众多易于触发的安全漏洞。

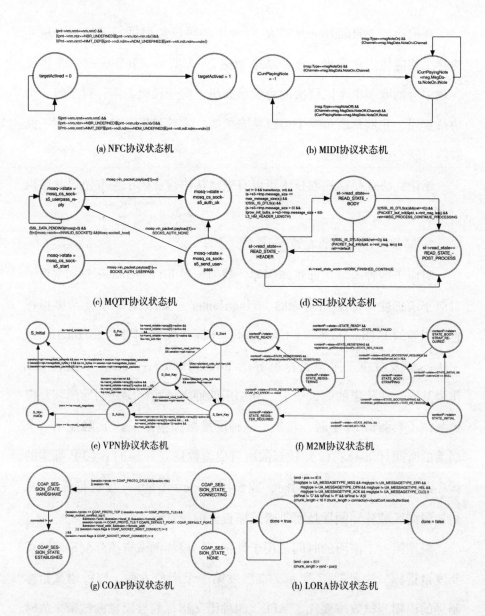

图 7 - 3　协议模型抽取构建的状态机模型

基于深度语义指标的感知制导，可以更快、更有效地检测探索深度区域中存在的漏洞。在某些对象上（如 bison - 3.0.4），敏感度指标感知制导的效果突出，带来了 95.43% 的提升。这一结果在一定程度上验证了包含更多内存与字符串相关敏感操作的代码区域更可能出现漏洞，从而表明了区域感知语义指标的有效性。

表 7 - 7 四种区域语义指标制导触发的第一个崩溃触发情况

projects	AFL first - crash	IoTBugHunter - Sen first - crash	IoTBugHunter - Com first - crash	IoTBugHunter - Deep first - crash	IoTBugHunter - Rare first - crash
base64	23. 15	15. 13	14. 16	10. 68	20. 3
md5sum	3. 95	3. 23	2. 55	1. 86	3. 23
uniq	1072. 65	751. 29	996. 78	162. 93	717. 19
who	937. 31	879. 33	1215. 32	793. 22	1015. 74
libxml2 - 2. 9. 2	834. 61	209. 3	644. 45	342. 65	330. 81
libtiff - 3. 7. 0	0. 08	0. 08	0. 08	0. 08	0. 08
bision - 3. 0. 4	52. 14	2. 38	4. 88	21. 7	19. 14
cflow - 1. 5	22. 63	7. 07	10. 18	34. 37	7. 42
libjpeg - tubo - 1. 2. 0	117. 25	95. 63	54. 26	244. 25	85. 91
Average	340. 42	- 35. 91%	- 3. 95%	- 47. 38%	- 28. 18%

触发的崩溃总数是另一个度量漏洞区域感知制导有效性的关键指标。尽管在 AFL 的机制里，相同漏洞从不同路径触发会被认为是多个崩溃，但是一般情况下，一个模糊测试工具在给定时间内触发越多的崩溃，则表明该工具有越好的漏洞检测能力。从表 7 - 8 中可知，四种区域语义指标感知制导的模糊测试工具相较于原始的 AFL 都报告了更多的崩溃，其提升幅度分别为 14.76% 、24.15% 、18.56% 和 22.75%。对于测试对象 libxml2 - 2.9.2，运用罕至指标感知制导的提升高达 216.66%。该实验结果表明漏洞区域感知制导的模糊测试技术的有效

性，也在一定程度上说明相较于片面地追求代码覆盖度，将有限的测试资源分布到更可能出现漏洞的代码区域可以实现更有效的漏洞检测。

表 7-8 四种区域语义指标制导触发的崩溃总数情况

projects	AFL #crash	IoTBug Hunter – Sen #crash	IoTBug Hunter – Com #crash	IoTBug Hunter – Deep #crash	IoTBugBug Hunter – Rare #crash
base64	53	69	68	61	83
md5sum	32	39	28	43	39
uniq	1	1	1	1	1
who	2	2	2	2	2
libxml2 – 2. 9. 2	12	17	8	28	41
libtiff – 3. 7. 0	52	63	61	71	68
bision – 3. 0. 4	161	190	169	212	196
cflow – 1. 5	166	176	240	160	173
libjpeg – tubo – 1. 2. 0	22	18	45	16	12
Average	55. 67	+ 14. 76%	+ 24. 15%	+ 18. 56%	+ 22. 75%

表 7-9 四种区域语义指标制导触发的路径覆盖情况

projects	AFL #path	IoTBug Hunter – Sen #path	IoTBug Hunter – Com #path	IoTBug Hunter – Deep #path	IoTBug Hunter – Rare #path
base64	155	131	148	151	291
md5sum	370	379	361	386	389
uniq	126	126	128	132	138
who	202	218	187	224	206
libxml2 – 2. 9. 2	6080	6415	6311	6528	6847
libtiff – 3. 7. 0	469	541	520	521	544
bision – 3. 0. 4	4370	4677	4529	4503	5217
cflow – 1. 5	1634	1624	1665	1621	1641

projects	AFL #path	IoTBug Hunter – Sen #path	IoTBug Hunter – Com #path	IoTBug Hunter – Deep #path	IoTBug Hunter – Rare #path
libjpeg – tubo – 1. 2. 0	2908	2813	3161	2610	2817
Average	1812. 67	+ 3. 74%	+ 4. 27%	+ 2. 22%	+ 10. 89%

路径覆盖（即在有限时间内覆盖的路径数目）一直是用于衡量模糊测试工具能力的主要指标之一。从表 7 – 9 中可知，四种区域语义指标感知制导的模糊测试技术在路径覆盖方面相较于 AFL 有明显提升，其提升幅度分别为 3. 74%、4. 27%、2. 22% 和 10. 89%。其中，基于罕至指标感知制导的模糊测试技术表现最好。

结论：漏洞区域感知制导技术是可以显著提升灰盒模糊测试技术检测漏洞的效率（问题 5）。

表 7 – 10　变异粒度制导的路径覆盖情况

projects	AFL #path	IoTBug Hunter – Sen #path	IoTBug Hunter – Com #path	IoTBug Hunter – Deep #path	IoTBug Hunter – Rare #path
base64	155	131	148	151	291
md5sum	370	379	361	386	389
uniq	126	126	128	132	138
who	202	218	187	224	206
libxml2 – 2. 9. 2	6080	6415	6311	6528	6847
libtiff – 3. 7. 0	469	541	520	521	544
bision – 3. 0. 4	4370	4677	4529	4503	5217
cflow – 1. 5	1634	1624	1665	1621	1641
libjpeg – tubo – 1. 2. 0	2908	2813	3161	2610	2817
Average	1812. 67	+ 3. 74%	+ 4. 27%	+ 2. 22%	+ 10. 89%

3. 变异粒度感知的有效性

我们将粒度感知的变异操作选择调度算法分别整合进 afl – 2. 52b 和 aflfast，并分别命名为 AFL – Schedule 和 AFLFast – Schedule。为了验证变异粒度感知技术的有效性，我们比较了整合变异粒度感知制导算法的 AFL – Schedule、AFLFast – Schedule 与原始 AFL、AFLFast 在模糊测试过程中的路径增长（如表 7 – 4）以及最终的路径覆盖情况来验证变异粒度感知技术的有效性。

图 7 – 4 显示了使用 AFL、AFL – Schedule、AFLFast 以及 AFLFast – Schedule 分别测试 8 个不同对象在 24 小时过程中的路径增长情况。如图所示，在大多数的测试对象上，使用变异粒度感知调度功能的模糊测试工具要比相应的没有变异粒度感知功能的工具路径增长效率高。这在一定程度上可以说明动态感知调节应用的变异操作粒度，有助于在给定的时间内快速提升路径覆盖。此外，在大多数测试对象上，AFLFast 在路径增长方面都要明显优于 AFL，但是在对象 base64 上，AFLFast 表现不如 AFL。

我们使用 AFL、AFL – Schedule、AFLFast 和 AFLFast – Schedule，在测试对象上分别进行 24 小时测试，其路径覆盖结果如表 7 – 10 所示，相较于原始的 AFL 以及 AFLast，整合变异粒度感知调度的 AFL – Schedle 以及 AFLFast – Schedule 在最终的路径覆盖方面分别取得了 6. 8% 和 4. 5% 的提升，在某些对象上（如 LAVA – M 测试集中的 who 项目），其提升比例分别高达 15. 8% 和 8. 6%。

结论：变异粒度感知制导技术可以有效的提升灰盒模糊测试进行漏洞检测的效率（问题 6）。

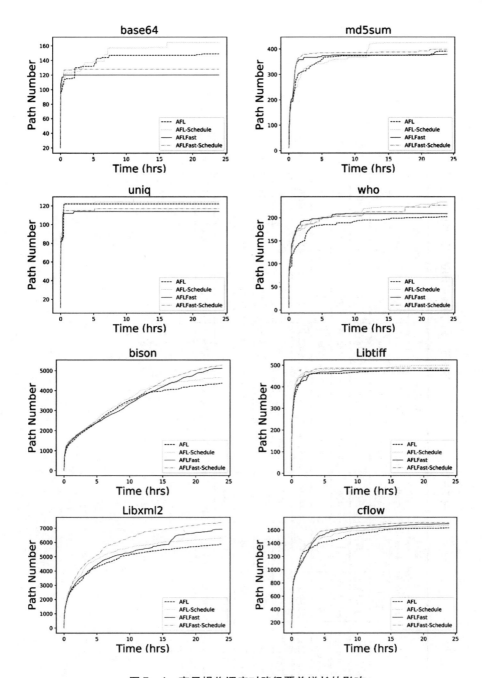

图 7 - 4 变异操作调度对路径覆盖增长的影响

表 7-11　IOTBugHunter 与基于 AFL 的模糊测试工具对比

projects	AFL			AFLFast			FairFuzz			IoTBugHunter		
	frst-crash	#crash	#path	frst-crash	#crash	#path	frst-crash	#crash	#path	frst-crash	#crash	#path
base64	23.15	53	155	59.46	52	139	NA	0	116	19.4	88	288
md5sum	3.95	32	370	2.13	37	378	5.81	30	301	2.81	37	412
uniq	1072.65	1	126	901.01	1	132	NA	0	134	659.13	1	144
who	937.31	2	202	890.33	2	209	NA	0	179	1073.71	2	216
libxml2-2.9.2	534.61	12	6080	560.23	17	6402	826.7	22	6410	233.08	45	7331
libtiff-3.7.0	0.08	52	469	0.08	52	512	0.08	62	490	0.08	78	571
bison-3.0.4	52.14	161	4370	42.23	208	5016	5.68	119	4014	14.53	193	5409
cflow-1.5	22.65	166	1634	5.81	177	1694	33.52	204	1497	9.42	175	1782
libjpeg-tubo-1.2.0	117.25	22	2908	58.5	12	3,087	768.03	4	1681	104.9	19	2978
Average	340.42	55.67	1812.67	-17.76%	+11.38%	+7.69%	-19.71%	-11.98%	-9.15%	-63.21%	+27.35%	+17.26%

4. 工具对比分析

我们将 IoTBugHunter 与相关工具 AFL、AFLFast 以及 FairFuzz 在选定的测试集上进行对比分析，相关实验结果如表 7 - 11 所示。

从表 7 - 11 中可知：（1）在触发第一个崩溃方面，整合了漏洞区域感知与变异粒度感知的灰盒模糊测试工具 IoTBugHunter 表现要优于最新的 AFL、AFLFast 以及 FairFuzz，尤其是相较于原始的 AFL，节省时间超过 63.21%；（2）在触发的唯一性崩溃总数方面，相较于 AFL 和 AFLFast，IoTBugHunter 在选定的测试集上 24 小时之内可以报告更多的崩溃信号。AFLFast 以及 IoTBugHunter 在检测到的崩溃数目上分别有 11.38% 和 27.35% 的提升。IoTBugHunter 比 AFLFast 找到了近两倍多的 Crash。同时，我们在评估中发现 FairFuzz 表现欠佳，在测试对象 base64、uniq 和 who 项目上均没有检测到崩溃；（3）在路径覆盖度方面，IoTBugHunter 的表现同样要优于对比工具，取得了平均 17.26% 的提升。而 AFLFast 和 FairFuzz 的提升分别为 7.69% 和 -9.15%。

此外，IoTBugHunter 已经帮助我们在最新的开源项目上发现了 12 个新的软件缺陷，详细信息如表 7 - 12 所示，并且获得了三个 CVE 编号（CVE - 2018 - 1000654、CVE - 2018 - 1000667、CVE - 2018 - 1000886）。

结论：整合智能感知驱动的灰盒模糊测试技术的 IoTBugHunter 要明显优于相关工具（问题 7）。

表 7 – 12　IoTBugHunter 发现的漏洞

Project	#Bug	Type
bison – 3. 0. 4	1	Assert Abortion
jasper – 2. 0. 14	2	Assert Abortion
nasm – 2. 14rc15	4	NPD, Stack Overflow, Integer Overflow
jabberd2 – 2. 6. 1	2	Buffer Overflow
libtasn1 – 4. 13	1	Memory Consumption
Zephyr – 1. 13. 0	1	Null Pointer Exception
ImageMagick – 7. 0. 2	1	Buffer Overflow

第三节　虚拟外设驱动的混合模糊测试评估

我们针对虚拟外设模拟、混合测试用例生成技术、多维反馈制导以及错误检测机制的有效性设计并实施了实验来评估虚拟外设驱动的混合模糊测试技术。目前没有可用的测试集用于评估基于微控制器的固件模糊测试工具，我们构建了测试集。

表 7 – 13　测试集

Microcontroller Unit	Operating System	Peripheral	Number
NXP – FRDM – K66F	FreeRTOS, Bare – metal	UART, RTC, ADC, GPIO, DAC, PIT, ETHERNET, LPUART, G, EWM, M, LPTMR, RNGA, EDMA, CRC, FLEXCAN	456
NXP – FRDM – KW41Z	FreeRTOS, Bare – metal	BLE, IEEE, Smac, ZigBee	464
STM32 – L475VG	FreeRTOS, Bare – metal	NFC, WIFI, Proximity, BSP	96
STM32 – Nucleo – L152RE	ChibiOS, MbedOS	UART	16

受 LAVA[68] 启发，我们建立了物联网固件测试集①用以评估基于微控制器的固件模糊测试工具，如表 7 – 13 所示。该测试集由 1032 个包含典型漏洞的固件镜像构成。我们从芯片制造商提供的 SDK 中选取了 129 个固件实例，这些实例在微控制器类型，底层操作系统类型，整合的外设类型等方面具备多样性的特点。

- 微控制器。我们选择了四种基于 ARM Cortex – M 架构的微控制器，包括 NXP FRDM – K66F、NXP FRDM – KW41Z、STM32 L475VG 和 STM32 Nucleo – L152RE。

- 操作系统。我们选择了三种主流的实时操作系统（即 FreeRTOS②、MbedOS 和 ChibiOS）以及 Bare – metal。

- 外设。超过 40 种不同的外设，包括从简单的传感器（如 ADC、LED、UART 等）到复杂的网络协议（如 WIFI、BLE 等）。

注入漏洞类型是八类典型的 C/C + + 程序漏洞，包括堆溢出、栈溢出、数组越界、空指针引用、use – after – free、double free、整数溢出以及除零错误。我们的漏洞注入流程如下：首先基于 IDA Pro 构建整个固件程序的过程间函数调用图；然后，基于主任务（main task）抽取对应的子函数调用图；接着，在抽取的子函数调用图中随机选取一些函数；最后，在选取函数的入口基本块与其他随机选取的基本块对应的源码中植入相应漏洞代码。漏洞源码来源于 Jeliet③。对于每一个固件实例，我们每注入 10 个相同类型的漏洞之后就形成测试集中的一个实例，每个

---

① 资料来源：Google Sites 官网
② 资料来源：FreeRTOS 官网
③ 资料来源：SAMATE 官网

固件实例会产生 8 个包含不同漏洞的测试实例，最终测试集中共有1032 个包含典型漏洞的固件镜像。

(一) 评估问题

我们通过评估问题来展示基于虚拟外设驱动的混合模糊测试技术检测物联网固件漏洞的效果。

问题 8：符号化虚拟外设对摆脱设备依赖执行固件的影响？

问题 9：混合测试用例生成对固件模糊测试性能的影响？

问题 10：多维覆盖度反馈制导对固件模糊测试覆盖度增长方面的影响？

问题 11：错误检测机制在运行时能否有效地识别典型的固件漏洞？

(二) 评估过程和结果

下面给出针对每个评估问题设计并实施的具体评估过程并展示最终的评估结果。

1. 虚拟外设模拟的有效性

我们选择包含不同微控制器、操作系统以及外设的固件镜像作为测试对象（如表 7 - 14 所示）来评估统一符号化外设对固件摆脱设备依赖执行的影响。对于每一个固件镜像，设置模糊测试的起点为固件执行的开始，终点为固件完成外设初始化并准备执行主任务前。我们使用两个布尔型指标来评估符号化外设对固件执行的影响：（1）符号化外设是否可以成功使固件能够虚拟执行，避免执行遇到未知外设就瘫痪；（2）符号化外设是否能够为不同未知提供有效输入并驱动固件执行完成外设初始化阶段。

实验结果如表 7 - 14 所示，不同操作系统（如：Bare - metal、FreeRTOS、ChibiOS 和 MbedOS）以及不同微控制器（如 NXP FRDM – K66F、NXP FRDM – KW41Z、STM32 – L457VG 和 STM32 – Nucleo – L152RE）的固件镜像在符号化外设的支持下可以实现有效的虚拟执行。符号化外设基于符号执行技术，可以有效地模拟超过 40 种不同类型外设的交互行为。基于符号化外设的模拟，我们成功地驱动超过 88% 的固件执行完成了设备初始化。其中，一些固件的有效执行需要通过系统提供的接口进行相应的辅助，主要包括：（1）越过某些代码；（2）固定某些外设值；（3）重写某些函数；（4）注入特定中断。有些固件镜像（如 Lwip_ Httpsrv_ Rtos）依赖于自定义的外设（如 CRC）实现复杂计算进而起到校验或加密的作用，受限于约束求解器的能力，符号化外设在处理这类复杂计算操作时会失效。为此我们通过越过这些包含复杂计算的代码来促使固件继续执行。有些固件镜像（如 Ble_ Wireless_ Power_ Ptu_ Bm）从外界接收网络数据包，但是基于符号执行生成的数据难以满足对应协议数据包的语法格式，为此，我们通过 Hook 操作在运行时替换网络接收函数，使其直接从本地读取有效数据包作为输入。有些固件（如 Smac_ Wireless_ Uart_ Rtos）会停滞在其 idle 任务中一直等待外部中断来触发相应任务，我们通过随机注入特定的中断事件来触发任务的执行。

结论：符号化外设可以有效地使能硬件设备无关的固件执行，基于符号执行技术可以为多样的外设提供输入，驱动大多数的固件完成外设初始化（问题 8）。

2. 混合生成技术的有效性

我们选取主任务中同时通过网络外设与环境外设与外界环境进行交互

的物联网固件镜像作为测试集，从两个方面评估了混合生成技术的有效性：
（1）变异不同类型外设的影响；（2）采用不同测试生成调度策略的影响。

　　变异不同类型外设输入的影响。我们通过三种不同的实验来评估变异不同类型外设输入对固件执行的影响：（1）变异环境外设、固定网络外设；（2）变异网络外设、固定环境外设；（3）同时变异网络外设与环境外设。对于每一种设定，我们通过固定固件主任务执行的迭代次数来测试每一个固件镜像并收集最终的覆盖度和时间开销信息，实验结果如表 7 - 15 所示。

　　在覆盖度方面，实验结果表明同时变异网络外设与环境外设最终取得了更高的代码覆盖度，说明相较只探索单维输入空间，进行固件多维输入空间的探索有助于提升代码覆盖。此外，从实验结果中我们可以发现有些固件（如 NXP - FRDM - KW41Z Bluetooth）的行为更依赖于网络外设输入，而有些固件的行为更依赖于环境外设的输入，总体来说环境外设对于固件行为的影响要比网络外设的影响更大，这也验证了支持固件多维外设输入空间探索的必要性。

　　在时间开销方面，只变异网络外设的耗时是变异环境外设的 4 倍，这是因为网络外设的变异依赖于 Hook 函数来读取本地有效数据包作为种子，而通过 Hook 读取本地文件相对耗时。更重要的是基于符号执行固定每一个环境外设输入的时间代价较大。

　　采用不同测试生成调度策略的影响。当外设访问点对应的种子队列中测试用例数目超过设定阈值，在每一次提供输入时，我们可以选择基于符号执行生成新的种子亦或直接从种子队列中选择种子进行执行，即我们开始进入测试用例生成调度阶段。我们评估了四种不同的测试生成调度策略：

- *Probability*：100% *vs.* 0 即约束生成与概率生成的概率比例为 100% vs. 0；

- *Probability*：10% *vs.* 90% 即约束生成与概率生成的概率比例为 10% vs. 90%；

- *Probability*：50% *vs.* 50% 即约束生成与概率生成的概率比例为 50% vs. 50%；

- *CycleTime*：10 *vs.* 10 即约束生成与概率生成的轮询次数为 10；

对于每一种设定，我们固定固件主任务执行的迭代次数来测试固件镜像并收集最终的覆盖度和时间开销信息。

实验结果如表 7 - 16 所示，在调度阶段只使用约束生成的时间开销是融合 90% 变异生成策略的近四倍。随着基于变异的生成选择概率的升高（如从 50% 到 90%），无论是 BB2BB 亦或 PP2PP 的覆盖度都会随之升高。相对而言，基于相同概率进行的调度比基于相同轮询次数进行的调度在测试对象上、覆盖度以及时间开销方面表现都要更好一些。

结论：混合生成技术可以为多样的外设产生有效输入，进而探索多维外设输入空间。在测试生成调度阶段，基于变异的生成概率占比的提高，能有效地提高代码覆盖度与测试性能（问题 9）。

3. 多维反馈制导的有效性

随着时间的增长，代码覆盖一直是衡量不同覆盖度反馈制导策略效果的重要指标之一。我们评估了三种不同的反馈制导设置，即（1）基于 BB2BB 制导的模糊测试；（2）基于 PP2PP 制导的模糊测试；（3）基于 BB2BB 和 PP2PP 同时制导的模糊测试。在每一种设置下，测试每一个固件镜像的主任务三小时并统计覆盖随时间增长的情况。我们选取两个固件（即 STM32 – L457VG – NFC – WriteTag 和 KW41Z – Temperature – Sensor – Rtos）的实验结果进行说明，更多的结果请访问我们的网站①。

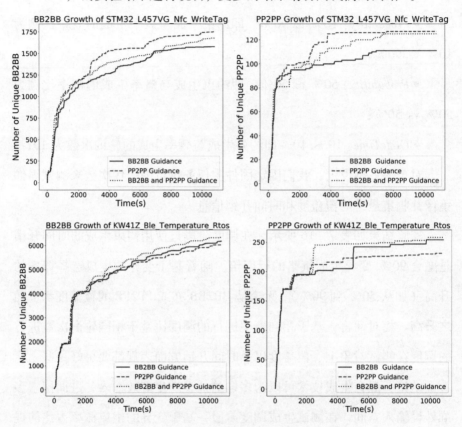

图 7 – 5　不同覆盖度反馈制导的覆盖度增长情况

图 7 – 5 所示的结果表明，PP2PP 覆盖度反馈可以有效地帮助覆盖度增长，对于所有的固件对象而言，结合 PP2PP 与 BB2BB 的反馈制导都要比单独使用 BB2BB 的反馈制导取得更高的代码覆盖。对于固件

---

① 资料来源：Google Sites 官网

KW41Z – Temperature – Sensor – Rtos 而言，只使用 BB2BB 的覆盖度优于只使用 PP2PP 的覆盖度制导，对于固件 STM32 – L457VG – NFC – WriteTag 而言，基于 PP2PP 的覆盖度制导效果最好。这说明了 PP2PP 的覆盖度反馈对于物联网固件模糊测试而言是一个相对较好的反馈制导指标，一定程度上验证了我们的洞见，即通过引导模糊测试访问更多新的外设访问点，可以有效地提高固件程序空间的探索程度。

结论：多维覆盖度反馈制导有利于提高物联网固件模糊测试对固件程序空间的探索，提高代码覆盖度（问题 10）。

4. 错误检测机制的有效性

我们从两个方面评估了错误检测机制对典型固件漏洞检测的影响：（1）错误检测机制中不同插件检测典型漏洞的有效性；（2）错误检测机制中的不同插件对固件模糊测试增加的性能开销。

不同检测插件识别典型固件漏洞的有效性。我们选取不同类型的固件镜像，对每一个固件植入八类不同类型的漏洞，每种类型漏洞植入八个，形成新的漏洞固件作为测试集，并接着运用我们的系统对其进行测试，从而验证错误检测机制中不同检测插件识别典型固件漏洞的能力。实验结果如表 7 – 17 所示，错误检测机制可以有效检测 C/C + + 固件实现中的典型漏洞。栈监控（stack tracking）可以有效地检测栈溢出与越界读写错误；堆监控（heap tracking）可以有效识别堆溢出、空指针引用、Double Free、Use – After – Free 等错误；指令监控（instruction tracking）关注于除零错误与整数溢出的检测。在测试的 100 个漏洞固件镜像中，超过 89.06% 的内置漏洞可以被有效识别。其中，栈溢出错误会造成 QEMU 崩溃使得模拟器里的固件执行停止，进而无法检测栈

溢出之后的漏洞。同时，我们测试了商用固件（如 STM32 – Nucleo –
L152RE [68] 以及亚马逊包含 TCP 协议栈的 FreeRTOS[254]），成功发现了
其中存在的已知漏洞（如：CVE – 2018 – 16601，CVE – 2018 – 16603，
CVE – 2018 – 16523，和 CVE – 2018 – 16524）。

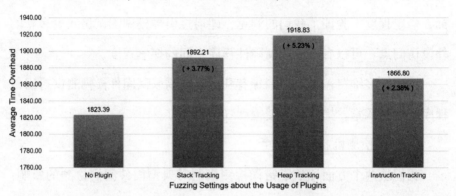

图 7 – 6　不同错误检测插件对模糊测试性能的影响

不同检测插件增加的额外测试性能开销。为了评估错误检测机制中
不同检测插件在测试过程中增加的额外性能开销，我们在四种不同设置
的情况下测试同一固件：（1）不使用任何检测插件的固件混合模糊测
试；（2）使用栈监控的固件混合模糊测试；（3）使用堆监控的固件混
合模糊测试；（4）使用指令监控的固件混合模糊测试。对于每一种设
置，我们统计完成相同主任务时迭代所消耗的总时间。实验结果如图
7 – 6 所示，结果表明错误检测机制中的检测插件对于模糊测试的执行性
能影响较小，栈监控、堆监控以及指令监控相比于不使用检测插件额外
增加的时间开销分别为 3.77%、5.23% 和 2.38%。

结论：错误检测机制可以以较低额外开销实现对固件中典型的 C/C
+ +漏洞的有效识别（问题 11）。

第四节 本章小结

本章对面向物联网设备的软件漏洞检测系统 IoTBugHunter 进行了大规模的实验评估，主要包括数据污染驱动的漏洞静态分析评估、智能感知驱动的灰盒模糊测试评估以及虚拟外设驱动的混合模糊测试评估。实验结果表明了系统的有效性与效率，IoTBugHunter 能够对包含第三方库、通信协议和固件镜像在内的物联网软件进行静态分析与模糊测试，检测典型的 C/C++ 软件漏洞。

表 7 - 14　符号化外设对固件虚拟执行的影响

MCU	OS	Firmware	Peripheral	Size（KB）	Init	Manual
NXP - K66F	Bare - Meta	Drive_ Adc16_ Polling	ADC	999	Y	N
		Drive_ Cmp_ Polling	CMP	995	Y	N
		Drive_ Cmt	CMT	999	Y	N
		Drive_ Crc	CRC	995	N	N
		Drive_ Dac_ basic	DAC	995	Y	N
		Drive_ Dspi_ interrupt	DSPI	1018	N	N
		Drive_ Edma_ Sactter_ Gather	EDMA	1086	N	N
		Drive_ Enet_ Txrx_ Transfer	ENET	1029	Y	N
		Drive_ Ewm	EWM	1000	Y	N
		Drive_ Flexcan_ Loopback	FLEXCAN	1015	Y	N
		Drive_ Ftm_ Timer	FTM	1005	Y	N
		Drive_ Gpio_ Input_ Interrupt	GPIO	996	Y	N
		Drive_ I2c_ Interrupt	I2C	1012	N	N
		Drive_ Lptmr	LPTMR	998	Y	N
		Drive_ Lpuart_ polling	LPURT	985	Y	N
		Drive_ Mcg_ Pee_ Blpi	MCG	979	Y	N
		Drive_ Pflash	PFLASH	1035	Y	N
		Drive_ Pit	PIT	997	Y	N
		Drive_ Rnga_ Random	RNGA	993	N	N

续表

MCU	OS	Firmware	Peripheral	Size（KB）	Init	Manual
NXP－K66F	Bare－Meta	Drive_ Rtc	RTC	999	Y	N
		Drive_ Sai_ Interrupt	SAI	1156	Y	N
		Drive_ Sdcard_ Polling	SDCARD	1084	N	N
		Drive_ Sysmpu	SYSMPU	1001	N	N
		Drive_ Wdog	WDOG	996	Y	N
	FreeRTOS	Rtos_ Sem_ Static	SEM	357	Y	N
		Rtos_ Swtimer	SWTIMER	354	Y	N
		Rtos_ Uart	UART	344	Y	N
NXP－K66F	Bare－Metal	Lwip_ Dhcp_ Bm	DHCP	445	Y	Y
		Lwip_ Httpsrv_ Bm	HTTPS	526	Y	Y
		Lwip_ Iperf_ Bm	IPERL	519	Y	Y
		Lwip_ Ping_ Bm	PING	455	Y	Y
		Lwip_ Tcpecho_ Bm	TCP	450	Y	Y
		Lwip_ Udpecho_ Bm	UDP	446	Y	Y
		Lwip_ Httpssrv_ Mbedtls_ Bm	TLS	1151	Y	Y
	FreeRTOS	Lwip_ Dhcp_ Rtos	DHCP	589	Y	Y
		Lwip_ Httpsrv_ Rtos	HTTPS	816	Y	Y
		Lwip_ Httpssrv_ Wolfssl_ Rtos	SSL	1275	Y	Y
		Lwip_ Ping_ Rtos	PING	652	Y	Y
		Lwip_ Tcpecho_ Rtos	TCP	619	Y	Y
		Lwip_ Udpecho_ Rtos	UDP	618	Y	Y
NXP－KW41Z	Bare－Metal	Ble_ Blood_ Pressure_ Bm	BLOOD_ PRESSURE	1302	Y	Y
		Ble_ Health_ Thermometer_ Bm	THERMOMETER	1303	Y	Y
		Ble_ Wireless_ Power_ Ptu_ bm	BLE	1366	Y	Y
		Ble_ Glucose_ Sensor_ Bm	BLE	1310	Y	Y
		Ble_ Proximity_ Reporter_ Bm	PROXIMITY, BLE	1304	Y	Y
		Smac_ Connectivity_ Test_ Bm	SMAC	729	Y	Y
		Smac_ Wireless_ Messenger_ Bm	SMAC	619	Y	Y
	FreeRTOS	Ble_ Cycling_ Power_ Rtos	BLE	1360	Y	Y
		Ble_ Pluse_ Oximeter_ Rtos	OXIMETER	1367	Y	Y
		Ble_ Heart_ Rate_ Rtos	HEART RATE	1368	Y	Y
		Ble_ Temperature_ Rtos	TEMPERATURE	1457	Y	Y
		Ble_ Wireless_ Uart_ Rtos	UART	1441	Y	Y
		Smac_ Low_ Power_ Rtos	SMAC	756	Y	Y
		Smac_ Wireless_ Uart_ Rtos	SMAC	654	Y	Y

MCU	OS	Firmware	Peripheral	Size (KB)	Init	Manual
STM32 – L457VG	Bare – Metal	NFC_ WriteTag	NFC	306	Y	Y
		Nfc_ WriteToBleApp	NFC	242	Y	Y
		Wifi_ Client_ Server	WIFI	273	Y	Y
		Wifi_ Http_ Server	WIFI	352	Y	Y
		Ble_ HeartRate	BLE	18	Y	Y
		Ble_ P2P_ LEDButton	BLE	15	Y	Y
STM32 – L152RE	ChibiOS	Qemu_ Uboot	USART	550	Y	Y
	Mbed OS	Hal_ Flash	UART	920	Y	Y

表 7 - 15　变异不同外设对固件模糊测试覆盖度与性能影响

Firmware	#Iterations	Mutating Context			Mutating Input			Mutating Both		
		Time	#BB2BB	#PP2PP	Time	#BB2BB	#PP2PP	Time	#BB2BB	#PP2PP
Lwip_ Dhcp_ bm	50	387.54	588	5	1215.9	672	5	425.88	685	5
Lwip_ Httpsrv_ Bm	50	446.83	477	5	1162.86	712	5	576.8	659	5
Lwip_ Iperf_ Bm	50	448.73	480	5	1252.85	619	5	463.41	632	5
Lwip_ Httpssrv_ Mbedtls_ Bm	20	663.5	791	5	4263.44	941	4	662.8	945	5
Lwip_ Httpsrv_ Rtos	20	324.54	1823	27	1951.19	1835	16	590.87	1922	30
Lwip_ Ping_ Freertos	20	396.57	2268	18	851.9	2117	3	222.61	2272	12
Lwip_ Httpssrv_ Mbedtls_ Rtos	10	1541.74	2148	38	7305.09	1993	17	1095.14	2307	38
Lwip_ Httpssrv_ Wolfssl_ Rtos	20	609.53	3062	25	1732.07	3087	16	478.16	3092	25
Ble_ Wireless_ Power_ Ptu_ Bm	10	969.43	659	7	3388.18	638	5	1039.9	665	7
Ble_ Proximity_ Reporter_ Bm	10	1132.07	659	7	3313.8	641	5	1322.31	667	7
Smac_ Connectivity_ Test_ Bm	10	626.28	295	23	2742.06	272	19	721.23	293	23
Smac_ Wireless_ Messenger_ Bm	10	658.18	322	26	2743.67	268	19	637.2	295	24
Ble_ Pluse_ Oximeter_ Rtos	3	3545.47	4375	145	21815.08	3847	140	3717.89	4353	148
Ble_ Heart_ Rate_ Rtos	3	3686.65	4302	144	17252	3851	137	2950.04	4411	150
Smac_ Low_ Power_ Rtos	10	250.65	584	8	506.47	564	7	260.6	607	8

续表

Firmware	#Iterations	Mutating Context			Mutating Input			Mutating Both		
		Time	#BB2BB	#PP2PP	Time	#BB2BB	#PP2PP	Time	#BB2BB	#PP2PP
Smac_ Wireless_ Uart_ Rtos	10	309.64	1221	25	907.76	892	19	349	1224	27
Nfc_ WriteTag	3	1916.23	1016	61	3207.55	821	48	1716.5	954	59
Nfc_ WriteToBleApp	6	882.75	778	57	1636.53	656	44	902.11	786	52
Wife_ Client_ Server	50	1222.62	886	34	2282.74	658	16	1303.94	877	35
Wife_ Http_ Server	50	1114.36	458	1	1490.98	430	24	1530.53	720	57
SUM:	21133.31	27192	666	81022.12	25514	554	20966.92	28366	722	

表 7 – 16　不同测试生成调度策略的影响

Firmware	#Iterations	Probability: 100% vs. 0			Probability: 10% vs. 90%			Probability 50% vs. 50%			CycleTime 10 vs. 10		
		Time	#BB2BB	#PP2PP	Time	#BB2BB	#PP2PP	Time	#BB2BB	#PP2PP	Time	#BB2BB	#PP2PP
Lwip_ Dhcp_ bm	50	1208.83	588	5	425.879	685	5	944.42	672	5	1206.82	689	5
Lwip_ Httpsrv_ Bm	50	1235.79	473	5	387.487	699	5	1051.70	684	5	1230.23	698	5
Lwip_ Iperf_ Bm	50	1227.56	480	5	463.409	632	5	981.90	631	5	1210.28	646	5
Lwip_ Httpsrv_ Mbedtls_ Bm	20	4518.65	788	4	662.795	945	5	2365.57	972	25	2365.57	972	23
Lwip_ Httpsrv_ Rtos	20	2085.33	1757	16	590.867	1922	30	1404.51	1933	14	1308.33	1930	3
Lwip_ Ping_ Freertos	20	894.13	2190	3	222.61	2272	12	553.06	2233	32	804.60	2088	31
Lwip_ Httpsrv_ Mbedtls_ Rtos	10	6667.07	2162	17	1095.137	2307	38	3771.88	2144	24	4444.68	2085	23
Lwip_ Httpssrv_ Wolfssl_ Rtos	20	1853.08	2944	16	423.162	3134	24	1317.20	3070	7	1303.18	3034	5
Ble_ Wireless_ Power_ Ptu_ Bm	10	2992.04	638	5	1039.896	665	7	2612.05	658	6	2084.10	639	5
Ble_ Proximity_ Reporter_ Bm	10	2978.19	641	5	1322.306	667	7	2302.36	656	22	1985.63	643	5
Smac_ Connectivity_ Test_ Bm	10	3017.28	278	19	721.229	293	23	1717.62	308	22	2381.31	300	22
Smac_ Wireless_ Messenger_ Bm	10	2687.87	264	19	637.195	295	24	1678.37	300	22	2167.67	289	22
Ble_ Pluse_ Oximeter_ Rtos	3	18635.81	4209	140	3717.886	4353	148	10902.28	4334	142	10895.69	4286	141
Ble_ Heart_ Rate_ Rtos	3	18516.39	4225	137	2950.041	4411	150	10918.98	4329	139	10581.76	4354	139
Smac_ Low_ Power_ Rtos	10	494.39	603	7	260.599	607	8	435.33	620	7	401.65	620	8
Smac_ Wireless_ Uart_ Rtos	10	869.15	996	19	349.001	1224	27	769.42	1059	32	735.42	1029	23
Nfc_ WriteTag	3	10906.83	778	65	1716.504	954	59	2787.73	951	59	2943.10	965	59
Nfc_ WriteToBleApp	6	1626.03	662	42	902.109	786	52	1339.55	770	54	1567.52	759	55
Wifi_ Client_ Server	50	2240.31	654	16	1303.938	877	35	2110.10	820	34	2241.89	825	33
Wifi_ Http_ Server	50	476.00	376	1	1530.53	720	57	1961.65	711	56	1867.54	636	57
SUM:		85130.72	25706	546	20722.58	28448	721	51925.66	27855	695	53726.97	27487	669

表 7-17 不同检测插件识别典型固件漏洞的有效性

Firmware	Number of Vulnerabilities Injection and Detection							
	Stack Tracking		Heap Tracking				Instruction Tracking	
	Stack-Overflow	Out-of-Bound r/w	Heap-Overflow	Null-Pointer-Reference	Double-Free	Use-After-Free	Divison-By-Zero	Integer-Overflow
lwip_dhcp_bm	8 (1)	8 (8)	8 (8)	8 (8)	8 (8)	8 (8)	8 (8)	8 (8)
lwip_httpsrv_bm	8 (1)	8 (8)	8 (8)	8 (8)	8 (8)	8 (8)	8 (8)	8 (8)
lwip_iperf_bm	8 (1)	8 (8)	8 (8)	8 (8)	8 (8)	8 (8)	8 (8)	8 (8)
lwip_httpssrv_mbedTLS_bm	8 (1)	8 (8)	8 (8)	8 (8)	8 (8)	8 (8)	8 (8)	8 (8)
lwip_httpsrv_freertos	8 (1)	8 (8)	8 (8)	8 (8)	8 (8)	8 (8)	8 (8)	8 (8)
lwip_ping_freertos	8 (1)	8 (8)	8 (8)	8 (8)	8 (8)	8 (8)	8 (8)	8 (8)
lwip_httpssrv_mbedTLS_freertos	8 (1)	8 (8)	8 (8)	8 (8)	8 (8)	8 (8)	8 (8)	8 (8)
lwip_httpssrv_wolfssl_freertos	8 (1)	8 (8)	8 (8)	8 (8)	8 (8)	8 (8)	8 (8)	8 (8)
bluetooth_wireless_power_ptu_bm	8 (1)	8 (8)	8 (8)	8 (8)	8 (8)	8 (8)	8 (8)	8 (8)
bluetooth_proximity_reporter_bm	8 (1)	8 (8)	8 (8)	8 (8)	8 (8)	8 (8)	8 (8)	8 (8)
smac_connectivity_test_bm	8 (1)	8 (8)	8 (8)	8 (8)	8 (8)	8 (8)	8 (8)	8 (8)
smac_wireless_messenger_bm	8 (1)	8 (8)	8 (8)	8 (8)	8 (8)	8 (8)	8 (8)	8 (8)
bluetoth_pluse_oximeter_sensor_freertos	8 (1)	8 (8)	8 (8)	8 (8)	8 (8)	8 (8)	8 (8)	8 (8)
bluetooth_heart_rate_sensor_freertos	8 (1)	8 (8)	8 (8)	8 (8)	8 (8)	8 (8)	8 (8)	8 (8)
smac_low_power_node_freertos	8 (1)	8 (8)	8 (8)	8 (8)	8 (8)	8 (8)	8 (8)	8 (8)

续表

Firmware	Number of Vulnerabilities Injection and Detection							
	Stack Tracking		Heap Tracking				Instruction Tracking	
	Stack – Overflow	Out – of – Bound r/w	Heap – Overflow	Null – Pointer – Reference	Double – Free	Use – After – Free	Divison – By – Zero	Integer – Overflow
smac_ wireless_ uart_ freertos	8 (1)	8 (8)	8 (8)	8 (8)	8 (8)	8 (8)	8 (8)	8 (8)
NFC_ WriteTag	8 (1)	8 (8)	8 (8)	8 (8)	8 (8)	8 (8)	8 (8)	8 (8)
NFC_ WrAARtoRunBLEapp	8 (1)	8 (8)	8 (8)	8 (8)	8 (8)	8 (8)	8 (8)	8 (8)
WIFI_ Client_ Server	8 (1)	8 (8)	8 (8)	8 (8)	8 (8)	8 (8)	8 (8)	8 (8)
WIFI_ Http_ Server	8 (1)	8 (8)	8 (8)	8 (8)	8 (8)	8 (8)	8 (8)	8 (8)
Sum: 89. 06%	12. 50%	100%	100%	100%	100%	100%	100%	100%

第八章

总结与展望

本书针对第三方库、通信协议以及固件镜像漏洞检测存在的问题对物联网设备进行软件漏洞检测，从污染数据驱动的漏洞静态分析、智能感知驱动的灰盒模糊测试、虚拟外设驱动的混合模糊测试三个方面展开技术研究。本章总结了全书的研究工作，并针对现有研究工作存在的不足，提出了未来的研究计划。

本书主要的研究贡献包括以下四个方面：

1. 提出污染数据驱动的漏洞静态分析方法，实现对第三方库中高风险检查缺失漏洞的有效静态分析。首先，提出安全敏感操作定位技术，通过对软件程序的 AST 进行轻量级的静态分析，实现对四类典型安全敏感操作的有效定位。其次，提出不可信数据的可利用性判定技术，依据软件程序控制流程图进行过程中的污染分析，可以对安全敏感操作中使用的不可信数据是否是污染数据进行有效判定。然后，提出缺失漏洞存在性检测技术，通过基于函数的调用图进行后向数据流分析，实现对检查缺失漏洞存在性的有效界定。最后，提出检查缺失漏洞风险性的评估技术，通过对函数上下文安全指标进行抽取与计算，实现对检查缺失漏洞风险性的有效评估。

2. 提出智能感知驱动的灰盒模糊测试方法，实现基于输入语法与程序语义感知的高效通信协议漏洞检测。首先，提出协议模型抽取技术，利用静态分析技术实现了协议数据包语法格式信息的提取以及协议状态机模型的构建。然后，提出漏洞区域指标分析技术，利用四类典型漏洞区域代码指标实现了对潜在漏洞区域的界定。最后，提出基于感知信息的模糊测试制导技术，基于感知的协议语法格式、协议状态机模型、漏洞区域代码指标制导有效测试用例生成，为关键协议状态以及更可能出现漏洞的代码区域分配更多测试资源。

3. 提出虚拟外设驱动的混合模糊测试方法，实现摆脱硬件设备依赖的固件镜像漏洞的有效检测。首先，提出未知外设的符号化模拟技术，利用统一的符号化外设模拟未知外设的接口交互行为，实现摆脱硬件设备依赖的固件虚拟执行。然后，提出了混合测试用例生成技术，融合基于约束生成与基于变异生成的测试用例生成方法，实现对固件多维外设输入空间的有效探索。接着，提出多维覆盖度反馈制导技术，实现了对固件运行时覆盖度反馈的有效收集与利用。最后，构建统一的错误检测机制，实现对运行过程中典型固件漏洞触发信号的有效识别。

4. 构建面向物联网软件漏洞检测系统 IoTBugHunter，实现了对物联网第三方库、通信协议、固件镜像等物联网设备软件中典型漏洞的有效静态分析与测试。在 Clang/LLVM、QEMU、AFL、Angr 以及 Avatar2 等开源软件基础上，实现了原型系统 IotBugHunter。大规模试验评估展示了系统的有效性与效率。截至目前，IotBugHunter 已经发现了 23 个被开发者确认的软件缺陷以及内存消耗漏洞（CVE－2018－100654）、空指针引用漏洞（CVE－2018－1000667）、栈溢出漏洞（CVE－2018－1000886）。

虽然上述研究已经取得了初步的结果，但是依旧存在一些不足，主要包括：

1. 缺乏自动化的固件漏洞基准构造方法，难以形成统一通用的漏洞固件测试集，用于有效评估并比较现有固件漏洞检测技术的能力。现有的面向固件的模糊测试，通常针对某一类型或某一架构的固件进行某一类漏洞的分析，为了全面评估固件模糊测试技术的优势与不足，需要包含不同类型、不同规模、不同漏洞类型的固件组成通用的固件测试集，作为评估各个工具的测试基准。现有的漏洞基准构造方法以手动收集与动态构造方式为主，手动收集开销巨大而且难以保证固件类型、规模以及漏洞类型的完备性，动态构造的方法由于目前缺乏通用的固件执行环境而难以实施。

2. 以启发式策略为基础的灰盒模糊测试技术，由于其固定、单一的搜索策略，难以针对多样、异构的固件实现最佳的漏洞检测效果。现有的灰盒模糊测试工具依赖于人工自定义的启发式策略从而优化测试用例生成、变异算子选择等。特定模糊测试工具的策略固定而单一，往往只在特定类型的软件系统上有较好的漏洞检测效果，在其他类型软件上则表现欠佳。现有的灰盒模糊测试技术无法根据测试对象、测试时刻的不同智能化、自适应地调整测试策略。

3. 以模拟器为基础的灰盒模糊测试技术，由于其额外的运行与监控开销，面临着规模化能力与效率优势的丧失。规模化能力与高执行效率是模糊测试技术在漏洞检测方面取得突出表现的主要优势。现有面向物联网固件的灰盒模糊测试技术往往依赖于 QEMU 等模拟环境运行固件、执行测试。一方面，现有模拟器受限于支持的体系结构、CPU 指令集以及可模拟的外设，难以支持多样的固件执行；另一方面，基于模拟器的固件运行、反馈收集、运行监控需要巨大的开销，严重有损模糊测试的效率与规模化能力。

为了解决上述不足，我们拟从以下三个方面展开未来的研究工作。

1. 针对缺乏通用的固件测试集以及恰当的度量方法、难以有效衡量不同固件漏洞检测技术效率的问题，我们拟构建用于固件模糊测试技术评估的测试集以及度量方法。基于静态污染分析与典型固件漏洞信息，分析潜在固件漏洞利用点与轨迹，开发自动化的固件漏洞构造方法，构建用于固件模糊测试技术评估的通用固件漏洞测试集。

2. 针对基于固定、单一启发式策略的灰盒模糊测试技术难以针对多样、异构固件实现最佳漏洞检测效果的问题，我们拟研究智能化灰盒模糊测试技术。运用人工智能技术为灰盒模糊测试各阶段的决策提供智能模型辅助，针对不同测试对象，实现基于智能模型辅助的自适应测试策略调整，针对同一测试对象，实现已有智能模型的迁移重用，并基于重用智能模型持续学习、训练，优化测试策略。

3. 针对基于模拟器环境测试物联网固件有损模糊测试效率与规模化能力的问题，我们拟研究基于真实设备环境的固件灰盒模糊测试技术。基于 ARM Cortex – A/R/M 固件设备实时 Trace 收集工具 J – Trace Pro 以及 ARM 微控制器芯片中的内置调试组件 ETM，构建摆脱模拟器依赖的固件灰盒模糊测试工具，实现对真实物联网设备高性能运行时的覆盖度跟踪，基于覆盖度反馈制导优化测试用例生成。

参考文献

[1] CHESS B, MCGRAW G. Static Analysis for Security [J]. IEEE Security and Privacy Magazine, 2004, 2 (6): 76 – 79.

[2] NIELSON F, NIELSON H R, HANKIN C. Principles of Program Analysis [M]. Berlin: Springer, 2015.

[3] VIEGA J, BLOCH J – T, KOHNO Y, et al. ITS4: A Static Vulnerability Scanner for C and C + + Code [C] //Proceedings of the 16th Annual Conference on Computer Security Applications. New Orleans: ACSAC 2000, 2000: 257 – 267.

[4] BARDAS A G. Static Code Analysis [J]. Journal of Information Systems & Operations Management, 2010, 4 (2): 99 – 107.

[5] COVERITY. Coverity Scan Static Analysis Introduction [EB/OL]. Coverity Website, 2021 – 02 – 10.

[6] MICROFOCUS. Fortify Static Code Analyzer Overview [EB/OL]. Microfocus Website, 2021 – 02 – 10.

[7] PERFORCE SOFTWARE. Static Code Analysis for C, C + +, C#, Java, JavaScript, and Python [EB/OL]. Perforce Software Website,

2021 – 02 – 10.

[8] KHEDKER U, SANYAL A, SATHE B. Data Flow Analysis: Theory and Practice [M]. Boca Raton: CRC Press, 2017.

[9] SRIDHARAN M, R BODIK. Refinement – Based Context – Sensitive Points – to Analysis for Java [J]. ACM SIGPLAN Notices, 2006, 41 (6): 387 – 400.

[10] LI Y, TAN T, MOLLER A, et al. Precision – Guided Context Sensitivity for Pointer Analysis [J]. Proceedings of the ACM on Programming Languages, 2018, 2 (OOPSLA): 1 – 29.

[11] LIU B, HUANG J, RAUCHWERGER L. Rethinking Incremental and Parallel Pointer Analysis [J]. ACM Transactions on Programming Languages and Systems, 2019, 41 (1): 6.

[12] ZHENG X, RUGINA R. Demand – Driven Alias Analysis for C [C] //Proceedings of the 35th Annual ACM SIGPLAN – SIGACT Symposium on Principles of Programming Languages. San Francisco: ACM SIGPLAN Notices 2008, 2008: 197 – 208.

[13] YAN D, XU G, ROUNTEV A. Demand – Driven Context – Sensitive Alias Analysis for Java [C] //Proceedings of the 2011 International Symposium on Software Testing and Analysis. Toronto: ISSTA 2011, 2011: 155 – 165.

[14] CEARA D, POTET ML, ENSIMAG G I, et al. Detecting Software Vulnerabilities with Static Taint Analysis [EB/OL]. Embedded Web-

site, 2010 – 12 – 31.

[15] CLAUSE J, LI W, ORSO A. Dytan: A Generic Dynamic Taint Analysis Framework [C] //Proceedings of the 2007 International Symposium on Software Testing and Analysis. London: ISSTA 2007, 2007: 196 – 206.

[16] CHEREM S, PRINCEHOUSE L, RUGINA R. Practical Memory Leak Detection Using Guarded Value – Flow Analysis [C] //Proceedings of the 28th ACM SIGPLAN Conference on Programming Language Design and Implementation. Nice: ACM SIGPLAN Notices 2007, 2007: 480 – 491.

[17] SNELTING G, ROBSCHINK T, KRINKE J. Efficient Path Conditions in Dependence Graphs for Software Safety Analysis [J] . ACM Transactions on Software Engineering and Methodology, 2006, 15 (4): 410 – 457.

[18] SUI Y, XUE J. SVF: Interprocedural Static Value – Flow Analysis in LLVM [C] //Proceedings of the 25th International Conference on Compiler Construction. Barcelona : CC 2016, 2016: 265 – 266.

[19] SHI Q, XIAO X, WU R, et al. Pinpoint: Fast and Precise Sparse Value Flow Analysis for Million Lines of Code [J] . ACM SIGPLAN Notices, 2018, 53: 693 – 706.

[20] COSTIN A, ZADDACH J, FRANCILLON A, et al. A Large – Scale Analysis of the Security of Embedded Firmwares [C] //Proceedings of the 23rd USENIX Security Symposium. San Diego: USS 2014, 2014: 95 – 110.

[21] FENG Q, ZHOU R, XU C, et al. Scalable Graph – Based Bug Search for Firmware Images [C] //Proceedings of the ACM SIGSAC Conference on Computer and Communications Security. Vienna: CCS 2016, 2016: 480 – 491.

[22] DAVID Y, PARTUSH N, YAHAV E. FirmUp: Precise Static Detection of Common Vulnerabilities in Firmware [C] //Proceedings of the Twenty – Third International Conference on Architectural Support for Programming Languages and Operating Systems. Williamsburg: ASPLOS 2018, 2018: 392 – 404.

[23] KING J C. Symbolic Execution and Program Testing [J]. Communications of the ACM, 1976, 19 (7): 385 – 394.

[24] BALDONI R, COPPA E, D' ELIA D C, et al. A Survey of Symbolic Execution Techniques [J]. ACM Computing Surveys, 2018, 51 (3): 50.

[25] CADAR C, GANESH V, PAWLOWSKI P M, et al. EXE: Automatically Generating Inputs of Death [J]. ACM Transactions on Information and System Security, 2008, 12 (2): 10.

[26] SEN K, AGHA G. CUTE and jCUTE: Concolic Unit Testing and Explicit Path Model – Checking Tools [C] //Proceedings of International Conference on Computer Aided Verification. Seattle: CAV 2006, 2006: 419 – 423.

[27] CADAR C, DUNBAR D, ENGLER D R, et al. KLEE: Unassist-

ed and Automatic Generation of High – Coverage Tests for Complex Systems Programs [C] //Proceedings of the 8th USENIX Symposium on Operating Systems Design and Implementation. San Diego: OSDI 2008, 2008: 209 – 224.

[28] GODEFROID P, LEVIN M Y, MOLNAR D. SAGE: Whitebox Fuzzing for Security Testing [J]. Queue, 2012, 10 (1): 20.

[29] CHIPOUNOV V, KUZNETSOV V, CANDEA G. S2E: A Platform For In – Vivo Multi – Path Analysis of Software Systems [C] //Proceedings of ACM SIGARCH Computer Architecture News. Newport Beach: SCA 2011, 2011: 265 – 278.

[30] SHOSHITAISHVILI Y, WANG R, SALLS C, et al. SoK: (State of) The Art of War: Offensive Techniques in Binary Analysis [C] //Proceedings of IEEE Symposium on Security and Privacy. San Jose: S&P 2016, 2016: 138 – 157.

[31] WANG F, SHOSHITAISHVILI Y. Angr – the next generation of binary analysis [C] //Proceedings of IEEE Cybersecurity Development. Cambridge: SecDev 2017, 2017: 8 – 9.

[32] DAVIDSON D, MOENCH B, RISTENPART T, et al. FIE on Firmware: Finding Vulnerabilities in Embedded Systems Using Symbolic Execution [C] //Proceedings of USENIX Security Symposium. Washington, DC: USS 2013, 2013: 463 – 478.

[33] SHOSHITAISHVILI Y, WANG R, HAUSER C, et al. Firmalice –

Automatic Detection of Authentication Bypass Vulnerabilities in Binary Firmware [C] //Proceedings of Network and Distributed System Security Symposium. San Diego: NDSS 2015, 2015: 1-8.

[34] HERNANDEZ G, FOWZE F, TIAN D J, et al. Firmusb: Vetting USB Device Firmware Using Domain Informed Symbolic Execution [C] // Proceedings of the ACM SIGSAC Conference on Computer and Communications Security. Dallas: CCS 2017, 2017: 2245-2262.

[35] CORTEGGIANIN, CAMURATIG, FRANCILLONA. Inception: System - Wide Security Testing of Real - World Embedded Systems Software [C] //Proceedings of USENIX Security Symposium. Baltimore: USS 2018, 2018: 309-326.

[36] MILLER B P, FREDRIKSEN L, SO B. An Empirical Study of The Reliability of Unix Utilities [J]. Communications of the ACM, 1990, 33 (12): 32-44.

[37] LI J, ZHAO B, ZHANG C. Fuzzing: A Survey [J]. Cybersecurity, 2018, 1 (1): 6.

[38] SUTTON M, GREENE A, AMINI P. Fuzzing: Brute Force Vulnerability Discovery [M]. San Antonio: Pearson Education, 2007.

[39] CHEN C, CUI B, MA J, et al. A Systematic Review of Fuzzing Techniques [J]. Computers & Security, 2018, 75: 118-137.

[40] AMINI P, PORTNOY A. Sulley - Pure Python fully automated and unattended fuzzing framework [EB/OL]. Github Website, 2021 -

02 – 10.

[41] EDDINGTON M. Peach Fuzzing Platform [EB/OL]. Peach Tech Website, 2021 – 02 – 10.

[42] PEREYDA J. Boofuzz: Network Protocol Fuzzing for Humans [EB/OL]. Github Website, 2021 – 02 – 10.

[43] ZALEWSKI M. American Fuzzy Lop [EB/OL]. Lcamtuf Core-dump Website, 2021 – 02 – 10.

[44] LLVM. libFuzzer – a Library for Coverage – Guided Fuzz Testing [EB/OL]. LLVM Website, 2021 – 02 – 10.

[45] SWIECKIR. Honggfuzz: A General Purpose, Easy – to – Use Fuzzer with Interesting Analysis Options [EB/OL]. Github Website, 2021 – 02 – 10.

[46] GASCON H, WRESSNEGGER C, YAMAGUCHI F, et al. Pulsar: Stateful Black – Box Fuzzing of Proprietary Network Protocols [C] // Proceedings of International Conference on Security and Privacy in Communication Systems. Beijing: ICST 2015, 2015: 330 – 347.

[47] GANESH V, LEEK T, RINARD M. Taint – Based Directed Whitebox Fuzzing [C] //Proceedings of the 31st International Conference on Software Engineering. Vancouver: ICSE 2009, 2009: 474 – 484.

[48] WANG T, WEI T, GU G, et al. TaintScope: A Checksum – Aware Directed Fuzzing Tool for Automatic Software Vulnerability Detection [C] //Proceedings of IEEE Symposium on Security and Privacy. Berkeley/

Oakland：S&P 2010，2010：497 - 512.

[49] STEPHENS N, GROSEN J, SALLS C, et al. Driller：Augmen-
ting Fuzzing through Selective Symbolic Execution [C] //Proceedings of
Network and Distributed System Security Symposium. San Diego：NDSS
2016，2016：1 - 16.

[50] GAN S, ZHANG C, QIN X, et al. Collafl：Path Sensitive Fuzz-
ing [C] //Proceedings of IEEE Symposium on Security and Privacy. San
Francisco：S&P 2018，2018：679 - 696.

[51] LI Y, CHEN B, CHANDRAMOHAN M, et al. Steelix：Program -
State Based Binary Fuzzing [C] //Proceedings of the 11th Joint Meeting on
Foundations of Software Engineering. Paderborn：ESEC/FSE 2017，2017：
627 -637.

[52] SCHUMILO S, ASCHERMANN C, GAWLIK R, et al. kAFL：
Hardware - Assisted Feedback Fuzzing for OS Kernels [C] //Proceedings of
the 26th USENIX Security Symposium. BC：USS 2017，2017：167 - 182.

[53] ZHANGG, ZHOUX, LUOY, et al. Ptfuzz：Guided Fuzzing with
Process or Trace Feedback [J] . IEEE Access，2018，6：37302 - 37313.

[54] CHEN P, CHEN H. Angora：Efficient Fuzzing by Principled
Search [C] //Proceedings of IEEE Symposium on Security and Privacy. San
Francisco：S&P 2018，2018：711 - 725.

[55] RAWATS, JAINV, KUMARA, et al. VUzzer：Application - A-
ware Evolutionary Fuzzing [C] //Proceedings of Network and Distributed

System Security Symposium. San Diego. San Diego: NDSS 2017, 2017: 1 – 14.

[56] PENG H, SHOSHITAISHVILI Y, PAYER M. T – Fuzz: Fuzzing by Program Transformation [C] //Proceedings of IEEE Symposium on Security and Privacy. San Francisco: S&P 2018, 2018: 697 – 710.

[57] WANG J, CHEN B, WEI L, et al. Skyfire: Data – Driven Seed Generation for Fuzzing [C] //Proceedings of IEEE Symposium on Security and Privacy. San Jose: S&P 2017, 2017: 579 – 594.

[58] GODEFROIDP, PELEGH, SINGHR. Learn&Fuzz: Machine Learning for Input Fuzzing [C] //Proceedings of 2017 the 32nd IEEE/ACM International Conference on Automated Software Engineering (ASE). Urbana: ASE 2017, 2017: 50 – 59.

[59] LV C, JI S, LI Y, et al. SmartSeed: Smart Seed Generation for Efficient Fuzzing [EB/OL]. arXiv Website, 2019 – 06 – 03.

[60] BÖHME M, PHAM V – T, ROYCHOUDHURY A. Coverage – Based Greybox Fuzzing as Markov Chain [C] //Proceedings of ACM SIGSAC Conference on Computer and Communications Security. Vienna: CCS 2016, 2016: 1032 – 1043.

[61] SITUL, WANGL, LIX, et al. Energy Distribution Matters in Greybox Fuzzing [C] //Proceedings of the 41st International Conference on Software Engineering: Companion Proceedings. Montreal: ICSE 2019, 2019: 270 – 271.

[62] LEMIEUX C, SEN K. FairFuzz: A Targeted Mutation Strategy for Increasing Greybox Fuzz Testing Coverage. IEEE [C] //Proceedings of ACM International Conference on Automated Software Engineering. Montpellier: ASE 2018, 2018: 475 – 485.

[63] WANG Z, ZHANG Y, LIU Q. RPFuzzer: A Framework for Discovering Router Protocols Vulnerabilities Based on Fuzzing [J]. Ksii Transactions on Internet & Information Systems, 2013, 7 (8): 1989 – 2009.

[64] MUENCH M, STIJOHANN J, KARGLF, et al. What You Corrupt is Not What You Crash: Challenges in Fuzzing Embedded Devices [C] //Proceedings of the 25th Annual Network and Distributed Systems Security Symposium. San Diego: NDSS 2018, 2018: a1 – a15.

[65] CHEN J, DIAO W, ZHAO Q, et al. Iotfuzzer: Discovering Memory Corruptions in Iot Through App – Based Fuzzing [C] //Proceedings of the 25th Annual Network and Distributed Systems Security Symposium. San Diego: NDSS 2018, 2018: b1 – b15.

[66] ZADDACH J, BRUNO L, FRANCILLON A, et al. AVATAR: A Framework to Support Dynamic Security Analysis of Embedded Systems' Firmwares [C] //Proceedings of the 21st Annual Network and Distributed System Security Symposium. San Diego: NDSS 2014, 2014: 1 – 16.

[67] MUENCH M, NISI D, FRANCILLON A, et al. Avatar2: A Multi – Target Orchestration Platform [C] //Proceedings of Workshop on Binary Analysis Research (Colocated with NDSS Symposium). San Diego: BAR 2018, 2018:

1 – 11.

[68] CHEN D D, WOO M, BRUMLEY D, et al. Towards Automated Dynamic Analysis for Linux – based Embedded Firmware [C] //Proceedings of the 23rd Annual Network and Distributed System Security Symposium. San Diego: NDSS 2016, 2016: 17 – 32.

[69] ZHENG Y, DAVANIAN A, YIN H, et al. FIRM – AFL: High – Throughput Greybox Fuzzing of Iot Firmware via Augmented Processe Mulation [C] //Proceedings of the 28th USENIX Security Symposium. Santa Clara: USS 2019, 2019: 1099 – 1114.

[70] FENG B, MERA A, LU L. P2IM: Scalable and Hardware – Independent Firmware Testing via Automatic Peripheral Interface Modeling [C] //Proceedings of the 29th USENIX Security Symposium. Boston: USS 2020, 2020: 1133 – 1150.

[71] SAAVEDRA G J, RODHOUSE K N, DUNLAVY D M, et al. A Review of Machine Learning Applications in Fuzzing [EB/OL] . arXiv Website, 2019 – 10 – 09.

[72] CHEN C, CUI B, MA J, et al. A Systematic Review of Fuzzing Techniques [J] . Computers & Security, 2018, 75 (6): 118 – 137.

[73] ATZORI L, IERA A, MORABITO G. The Internet of Things: A Survey [J] . Computer Networks, 2010, 54 (15): 2787 – 2805.

[74] RAY P P. A Survey on Internet of Things Architectures [J] . Journal of King Saud University – Computer and Information Sciences, 2018,

30 (3): 291 -319.

[75] LI S, DA XU L, ZHAO S. 5G Internet of Things: A survey [J].
Journal of Industrial Information Integration, 2018, 10: 1 -9.

[76] YAQOOB I, HASHEM I A T, AHMED A, et al. Internet of
Things Forensics: Recent Advances, Taxonomy, Requirements, and Open
Challenges [J]. Future Generation Computer Systems, 2019, 92: 265 -
275.

[77] ZHOU W, JIA Y, YAO Y, et al. Discovering and Understanding
The Security Hazards in the Interactions between Iot Devices, Mobile Apps,
and Clouds on Smart Home Platforms [C] //Proceedings of the 28th USE-
NIX Security Symposium. Santa Clara: USENIX Security Symposium 2019,
2019: 1133 -1150.

[78] OPLER A. Fourth Generation Software [J]. Datamation, 1967,
13 (1): 22 -24.

[79] JANAKIRAMAN S, AMIRTHARAJAN R, THENMOZHI K, et
al. Firmware for Data Security: A Review [J]. Research Journal of Infor-
mation Technology, 2012, 4 (3): 61 -72.

[80] AMMAR M, RUSSELLO G, CRISPO B. Internet of Things: A
Survey on The Security of Iot Frameworks [J]. Journal of Information Secu-
rity and Applications, 2018, 38: 8 -27.

[81] SIMPSON M S, BARUA R K. MemSafe: Ensuring The Spatial
and Temporal Memory Safety of C at Runtime [J]. Software: Practice and

Experience, 2013, 43（1）: 93 – 28.

　　［82］COWAN C, PU C, MAIER D, et al. Stackguard: Automatic A-daptive Detection and Prevention of Buffer – Overflow Attacks ［C］//Proceedings of the 7th USENIX Security Symposium Symposium. San Antonio: USS 1998, 1998: 63 – 78.

　　［83］司徒凌云, 王林章, 李宣东, 等. 基于应用视角的缓冲区溢出检测技术与工具 ［J］. 软件学报, 2019, 30（6）: 1721 – 1741.

　　［84］ONE A. Smashing the Stack for Fun and Profit ［J］. Phrack Magazine, 1996, 7（49）: 14 – 16.

　　［85］CHEN L – H, HSU F – H, HWANG Y, et al. ARMORY: An Automatic Security Testing Tool for Buffer Overflow Defect Detection ［J］. Computers & Electrical Engineering, 2013, 39（7）: 2233 – 2242.

　　［86］SNOW K Z, MONROSE F, DAVI L, et al. Just – In – Time Code Reuse: On the Effectiveness of Fine – Grained Address Space Layout Randomization ［C］//Proceedings of the 34th IEEE Symposium on Security and Privacy. Berkeley: S&P 2013, 2013: 574 – 588.

　　［87］AKRITIDIS P, COSTA M, CASTRO M, et al. Baggy Bounds Checking: An Efficient and Backwards – Compatible Defense against Out – of – Bounds Errors ［C］//Proceedings of the 18th USENIX Security Symposium. Montreal: USS 2009, 2009: 51 – 66.

　　［88］WANG T, WEI T, LIN Z, et al. IntScope: Automatically Detecting Integer Over – flow Vulnerability in X86 Binary Using Symbolic Execution

[C] //Proceedings of Network and Distributed System Security Symposium. San Diego: NDSS 2009, 2009: 1 – 14.

[89] MUNTEAN P, MONPERRUS M, SUN H, et al. IntRepair: Informed Repairing of Integer Overflows [J]. IEEE Transactions on Software Engineering, 2021, 47 (10): 2225 – 2241.

[90] 孙浩, 曾庆凯. 整数漏洞研究: 安全模型, 检测方法和实例 [J]. 软件学报, 2015, 26 (2): 413 – 426.

[91] XU X, SUI Y, YAN H, et al. VFix: Value – Flow – Guided Precise Program Repair for Null Pointer Dereferences [C] //Proceedings of the 41st International Conference on Software Engineering. Montreal: ICSE 2019, 2019: 512 – 523.

[92] HOVEMEYER D, PUGH W. Finding More Null Pointer Bugs, But Not Too Many [C] // Proceedings of the 7th ACM SIGPLAN – SIGSOFT Workshop On Program Analysis for Software Tools and Engineering. San Diego: PASTE 2007, 2007: 9 – 14.

[93] CABALLERO J, GRIECO G, MARRON M, et al. Undangle: Early Detection of Dangling Pointers in Use – After – Free and Double – Free Vulnerabilities [C] //Proceedings of the International Symposium on Software Testing and Analysis. Minneapolis: ISSTA 2012, 2012: 133 – 143.

[94] EVANS D, GUTTAG J, HORNING J, et al. LCLint: A Tool for Using Speciflcations to Check Code [J]. ACM SIGSOFT Software Engineering Notes, 1994, 19 (5): 87 – 96.

[95] XIE Y, AIKEN A. Saturn: A Scalable Framework for Error Detection Using Boolean Satisfiability [J]. ACM Transactions on Programming Languages and Systems, 2007, 29 (3): 16.

[96] BESSEY A, BLOCK K, CHELF B, et al. A Few Billion Lines Of Code Later: Using Static Analysis to Find Bugs in the Real World [J]. Communications of the ACM, 2010, 53 (2): 66 – 75.

[97] KAM J B, ULLMAN J D. Monotone Data Flow Analysis Frameworks [J]. Acta Informatica, 1977, 7 (3): 305 – 317.

[98] REPS T, HORWITZ S, SAGIV M. Precise Interprocedural Data Flow Analysis via Graph Reachability [C] //Proceedings of the 22nd ACM SIGPLAN – SIGACT Symposium on Principles of Programming Languages. San Francisco: POPL 1995, 1995: 49 – 61.

[99] REPS T. Program Analysis via Graph Reachability [J]. Information and Software Technology, 1998, 40 (11/12): 701 – 726.

[100] BODDEN E. Inter – Procedural Data – Flow Analysis With Ifds/ Ide and Soot [C] //Proceedings of the ACM SIGPLAN International Workshop on State of the Art in Java Program analysis. Beijing: SOAP @ PLDI 2012, 2012: 3 – 8.

[101] ARZT S, RASTHOFER S, FRITZ C, et al. Flowdroid: Precise Context, Flow, Field, Object – Sensitive and Lifecycle – Aware Taint Analysis for Android Apps [J]. Acm Sigplan Notices, 2014, 49 (6): 259 – 269.

[102] MING J, WU D, XIAO G, et al. TaintPipe: Pipelined Symbolic

Taint Analysis［C］//Proceedings of the 24th USENIX Security Symposium.
Washington：USS 2015, 2015：65 - 80.

　　［103］SCHWARTZ E J, AVGERINOS T, BRUMLEY D. All You Ever
Wanted to Know about Dynamic Taint Analysis and Forward Symbolic Execu-
tion（but Might Have Been Afraid to Ask）［C］//Proceedings of the 31st
IEEE Symposium on Security and Privacy. Berleley/Oakland：S&P 2010,
2010：317 - 331.

　　［104］CIFUENTES C, SCHOLZ B. Parfait：Designing a Scalable Bug
Checker［C］//Proceedings of the 2008 Workshop on Static Analysis. Tuc-
son：Scalable Program Analysis 2008, 2008：4 - 11.

　　［105］SCHOLZ B, ZHANG C, CIFUENTES C. User - Input Depend-
ence Analysis via Graph Reachability［C］//Proceedings of the Eighth IEEE
International Working Conference on Source Code Analysis and Manipulation.
Beijing：SCAM 2008, 2008：25 - 34.

　　［106］JOVANOVIC N, KRUEGEL C, KIRDA E. Pixy：A Static Anal-
ysis Tool for Detecting Web Application Vulnerabilities［C］//Proceedings
of IEEE Symposium on Security and Privacy. Berkeley：S&P 2006, 2006：
258 - 263.

　　［107］CHANG R, JIANG G, IVANCIC F, et al. Inputs of Coma：Stat-
ic Detection of Denial - Of - Service Vulnerabilities［C］//Proceedings of
the 22nd IEEE Computer Security Foundations Symposium. Port Jefferson：
CSF 2009, 2009：186 - 199.

[108] FAN G, WU R, SHI Q, et al. Smoke: Scalable Path – Sensitive Memory Leak Detection for Millions of Lines of Code [C] //Proceedings of the 41st International Conference on Software Engineering. Montreal: ICSE 2019, 2019: 72 – 82.

[109] MÉNDEZ – LOJO M, MATHEW A, PINGALI K. Parallel Inclusion – Based Points – To Analysis [C] // Proceedings of the 25th Annual ACM SIGPLAN Conference on Object – Oriented Programming, Systems, Languages, and Applications. Reno/Tahoe: OOPSLA 2010, 2010: 428 – 443.

[110] MENDEZ – LOJO M, BURTSCHER M, PINGALI K. A GPU Implementation of Inclusion – Based Points – To Analysis [J]. ACM SIGPLAN Notices, 2012, 47 (8): 107 – 116.

[111] SU Y, YE D, XUE J. Parallel Pointer Analysis with Cfl – Reachability [C] //Proceedings of the 43rd International Conference on Parallel Processing. Minneapolis: ICPP 2014, 2014: 451 – 460.

[112] RODRIGUEZ J, LHOTÁK O. Actor – Based Parallel Data Flow Analysis [C] //Proceedings of the International Conference on Compiler Construction. Saarbrücken: CC 2011, 2011: 179 – 197.

[113] CADAR C, SEN K. Symbolic Execution for Software Testing: Three Decades Later [J]. Communications of the ACM, 2013, 56 (2): 82 – 90.

[114] HOWDEN W E. Symbolic Testing and the Dissect Symbolic Evaluation System [J]. IEEE Transactions on Software Engineering, 1977, 3

(4)：266 - 278.

[115] COLLINGBOURNE P, CADAR C, KELLY P H. Symbolic Crosschecking of Floating - Point and Simd Code [C] //Proceedings of the Sixth European conference on Computer systems. Salzburg：EuroSys 2011, 2011：315 - 328.

[116] CHO C Y, BABIC D, POOSANKAM P, et al. MACE：Model - inference - Assisted Concolic Exploration for Protocol and Vulnerability Discovery [C] //Proceedings of the 20th USENIX Security Symposium. San Francisco：USS 2011, 2011：139 - 154.

[117] AVGERINOS T, CHA S K, REBERT A, et al. Automatic Exploit Generation [J] . Communications of the ACM, 2014, 57 (2)：74 - 84.

[118] LI M, CHEN Y, WANG L, et al. Dynamically Validating Static Memory Leak Warnings [C] //Proceedings of the International Symposium on Software Testing and Analysis. Lugano：ISSTA 2013, 2013：112 - 122.

[119] YUN I, LEE S, XU M, et al. QSYM：A Practical Concolic Execution Engine Tailored for Hybrid Fuzzing [C] //Proceedings of the 27th USENIX Security Symposium. Baltimore：USS 2018, 2018：745 - 761.

[120] MAJUMDAR R, SEN K. Hybrid Concolic Testing [C] //Proceedings of the 29th International Conference on Software Engineering. Minneapolis：ICSE 2007, 2007：416 - 426.

[121] GODEFROID P, KLARLUND N, SEN K. DART：Directed Automated Random Testing [C] //Proceedings of the ACM SIGPLAN Confer-

ence on Programming Language Design and Implementation. Chicago: PLDI 2005, 2005: 213 – 223.

[122] BRUMLEY D, JAGER I, AVGERINOS T, et al. BAP: A Binary Analysis Platform [C] //Proceedings of the International Conference on Computer Aided Verification. Snowbird: CAV 2011, 2011: 463 – 469.

[123] PĂSĂREANU C S, RUNGTA N. Symbolic PathFinder: Symbolic Execution of Java Bytecode [C] //Proceedings of the IEEE/ACM International Conference on Automated Software Engineering. Antwerp: ASE 2010, 2010: 179 – 180.

[124] BUCUR S, KINDER J, CANDEA G. Prototyping Symbolic Execution Engines for Interpreted Languages [C] //Proceedings of Architectural Support for Programming Languages and Operating Systems. Salt Lake City: ASPLOS 2014, 2014: 239 – 254.

[125] KUZNETSOV V, CHIPOUNOV V, CANDEA G. Testing Closed – Source Binary Device Drivers with DDT [C] //Proceedings of USENIX Annual Technical Conference. Boston: USENIX ATC 2010, 2010: 159 – 172.

[126] RENZELMANN M J, KADAV A, SWIFT M M. SymDrive: Testing Drivers without Devices [C] //Proceedings of the 10th USENIX Symposium on Operating Systems Design and Implementation. Hollywood: OSDI 2012, 2012: 279 – 292.

[127] BURNIM J, SEN K. Heuristics for Scalable Dynamic Test Generation [C] //Proceedings of the 23rd IEEE/ACM International Conference

on Automated Software Engineering. L'Aquila: ASE 2008, 2008: 443 – 446.

[128] XIE T, TILLMANN N, DE HALLEUX J, et al. Fitness – Guided Path Exploration in Dynamic Symbolic Execution [C] //Proceedings of the 2009 IEEE/IFIP International Conference on Dependable Systems and Networks. Estoril: DSN 2009, 2009: 359 – 368.

[129] GODEFROID P, LEVIN M Y, MOLNAR D A, et al. Automated Whitebox Fuzz Testing [C] //Proceedings of the Network and Distributed System Security Symposium. San Diego: NDSS 2008, 2008: 151 – 166.

[130] TILLMANN N, DE HALLEUX J. Pex – White Box Test Generation for Net [C] //Proceedings of Tests and Proofs – 2nd International Conference. Prato: TAP 2008, 2008: 134 – 153.

[131] GARG P, IVAN ĊI Ć F, BALAKRISHNAN G, et al. Feedback – Directed Unit Test Generation for C/C + + Using Concolic Execution [C] // Proceedings of the 35th International Conference on Software Engineering. San Francisco: ICSE 2013, 2013: 132 – 141.

[132] MARINESCU P D, CADAR C. KATCH: High – Coverage Testing of Software Patches [C] //Proceedings of European Software Engineering Conference/ACM SIGSOFT Symposium on the Foundations of Software Engineering. Saint Petersburg: ESEC/FSE 2013, 2013: 235 – 245.

[133] ZHANG C, GROCE A, ALIPOUR M A. Using Test Case Reduction and Prioritization to Improve Symbolic Execution [C] //Proceedings of the International Symposium on Software Testing and Analysis. San Jose:

ISSTA 2014, 2014: 160 – 170.

[134] SEO H, KIM S. How We Get There: A Context – Guided Search Strategy in Concolic Testing [C] //Proceedings of the 22nd ACM SIGSOFT International Symposium on Foundations of Software Engineering. Hong Kong: FSE 2014, 2014: 413 – 424.

[135] TANEJA K, XIE T, TILLMANN N, et al. EXpress: Guided Path Exploration for Efficient Regression Test Generation [C] //Proceedings of the International Symposium on Software Testing and Analysis. Toronto: ISSTA 2011, 2011: 1 – 11.

[136] BOONSTOPPEL P, CADAR C, ENGLER D. RWset: Attacking Path Explosion in Constraint – Based Test Generation [C] //Proceedings of International Conference on Tools and Algorithms for the Construction and Analysis of Systems. Budapest: ETAPS 2008, 2008: 351 – 366.

[137] GODEFROID P. Compositional Dynamic Test Generation [C] //Proceedings of the 34th Annual ACM SIGPLAN – SIGACT Symposium on Principles of Programming Languages. Nice: POPL 2007, 2007: 47 – 54.

[138] JAFFAR J, MURALI V, NAVAS J A. Boosting Concolic Testing via Interpolation [C] //Proceedings of the 9th Joint Meeting on Foundations of Software Engineering. Saint Petersburg: ESEC/FSE 2013, 2013: 48 – 58.

[139] XIAO X, LI S, XIE T, et al. Characteristic Studies Of Loop Problems for Structural Test Generation Via Symbolic Execution [C] //Proceedings of the 28th IEEE/ACM International Conference on Automated Soft-

ware Engineering. Silicon Valley: ASE 2013, 2013: 246 – 256.

[140] LI Y, SU Z, WANG L, et al. Steering Symbolic Execution to Less Traveled Paths [C] //Proceedings of ACM SIGPLAN Notices. Indianapolis: ACM, 2013: 19 – 32.

[141] GODEFROID P, LUCHAUP D. Automatic Partial Loop Summarization in Dynamic Test Generation [C] //Proceedings of the International Symposium on Software Testing and Analysis. Toronto: ISSTA 2011, 2011: 23 – 33.

[142] SAXENA P, POOSANKAM P, MCCAMANT S, et al. Loop – extended Symbolic Execution on Binary Programs [C] //Proceedings of the 18th International Symposium on Software Testing and Analysis. Chicago: ISSTA 2009, 2009: 225 – 236.

[143] MATIYASEVICH Y V. Hilbert's Tenth Problem [M] . Cambridge: MIT Press, 1993.

[144] BARR E T, VO T, LE V, et al. Automatic Detection of Floating – Point Exceptions [C] //Proceedings of ACM SIGPLAN Notices. Rome: ACM, 2013: 549 – 560.

[145] FRANZLE M, HERDE C, TEIGE T, et al. Efficient Solving of Large Non – Linear Arithmetic Constraint Systems with Complex Boolean Structure [J] . Journal on Satisfiability, Boolean Modeling and Computation, 2007, 1 (3/4): 209 – 236.

[146] DE MOURA L, BJØRNER N. Z3: An Efficient SMT Solver

[C] //Proceedings of International Conference on Tools and Algorithms for the Construction and Analysis of Systems. Budapest: ETAPS 2008, 2008: 337 – 340.

[147] GANESH V, DILL D L. A Decision Procedure for Bit – Vectors and Arrays [C] //Proceedings of International Conference on Computer Aided Verification. Berlin: Springer, 2007: 519 – 531.

[148] DUTERTRE B, DE MOURA L. A Fast Linear – Arithmetic Solver for DPLL (T) [C] //Proceedings of International Conference on Computer Aided Verification, Seattle: Springer, 2006: 81 – 94.

[149] PARGAS R P, HARROLD M J, PECK R. Test – Data Generation Using Genetic Algorithms [J] . Software Testing, Verification and Reliability, 1999, 9 (4): 263 – 282.

[150] MILLER J, REFORMAT M, ZHANG H. Automatic Test Data Generation Using Genetic Algorithm and Program Dependence Graphs [J] . Information and Software Technology, 2006, 48 (7): 586 – 605.

[151] LAKHOTIA K, TILLMANN N, HARMAN M, et al. FloPSy – Search – Based Floating Point Constraint Solving For Symbolic Execution [C] //Proceedings of IFIP International Conference on Testing Software and Systems. Natal: ICTSS 2010, 2010: 142 – 157.

[152] MICHAEL C C, MCGRAW G, SCHATZ M A. Generating Software Test Data by Evolution [J] . IEEE transactions on Software Engineering, 2001, 27 (12): 1085 – 1110.

[153] DINGES P, AGHA G. Solving Complex Path Conditions through Heuristic Search on Induced Polytopes [C] //Proceedings of the 22nd ACM SIGSOFT International Symposium on Foundations of Software Engineering. Hong Kong: SIGSOFT FSE 2014, 2014: 425 – 436.

[154] CADAR C, GODEFROID P, KHURSHID S, et al. Symbolic Execution for Software Testing in Practice: Preliminary Assessment [C] //Proceedings of the 33rd International Conference on Software Engineering. Waikiki: ICSE 2011, 2011: 1066 – 1071.

[155] 甘水滔, 王林章, 谢向辉, 等. 一种基于程序功能标签切片的制导符号执行分析方法 [J]. 软件学报, 2019, 30 (11): 3259 – 3280.

[156] CHIPOUNOV V, CANDEA G. Dynamically Translating x86 to LLVM using QEMU [R]. Switzerland: Dependable Systems Laboratory, 2010.

[157] CHA S K, AVGERINOS T, REBERT A, et al. Unleashing Mayhem on Binary Code [C] //Proceedings of IEEE Symposium on Security and Privacy. San Francisco: S&P 2012, 2012: 380 – 394.

[158] NETHERCOTE N, SEWARD J. Valgrind: a Framework for Heavyweight Dynamic Binary Instrumentation [C] //Proceedings of the 28th ACM SIGPLAN Conference on Programming Language Design and Implementation. San Diego: ACM, 2007: 89 – 100.

[159] SASNAUSKAS R, LANDSIEDEL O, ALIZAI M H, et al. KleeNet: Discovering Insidious Interaction Bugs in Wireless Sensor Networks

Before Deployment [C] //Proceedings of the 9th ACM/IEEE International Conference on Information Processing in Sensor Networks. Stockholm: IPSN 2010, 2010: 186 – 196.

[160] MANèS V J M, HAN H, HAN C, et al. The Art, Science, and Engineering of Fuzzing: A Survey [J]. IEEE Transactions on Software Engineering, 2021, 47 (11): 2312 – 2331.

[161] SHASTRY B, LEUTNER M, FIEBIG T, et al. Static Program Analysis as a Fuzzing Aid [C] //Proceedings of International Symposium on Research in Attacks, Intrusions, and Defenses. Atlanta: RAID 2017, 2017: 26 – 47.

[162] ZHAO L, DUAN Y, YIN H, et al. Send Hardest Problems My Way: Probabilistic Path Prioritization for Hybrid Fuzzing [C] //Proceedings of 26th Network and Distributed System Security Symposium. San Diego: The Internet Society, 2019: 15 – 29.

[163] PAK B S. Hybrid Fuzz Testing: Discovering Software Bugs via Fuzzing and Symbolic Execution [R]. Pittsburgh: School of Computer Science Carnegie Mellon University, 2012.

[164] JIANG B, LIU Y, CHAN W. Contractfuzzer: Fuzzing Smart Contracts for Vulnerability Detection [C] //Proceedings of the 33rd ACM/IEEE International Conference on Automated Software Engineering. Montpellier: ASE 2018, 2018: 259 – 269.

[165] BOSU A, IQBAL A, SHAHRIYAR R, et al. Understanding the

Motivations, Challenges and Needs of Blockchain Software Developers: A Survey [J]. Empirical Software Engineering, 2019, 24 (4): 2636 – 2673.

[166] SHI H, WANG R, FU Y, et al. Industry Practice of Coverage – Guided Enterprise Linux Kernel Fuzzing [C] //Proceedings of the 27th ACM Joint Meeting on European Software Engineering Conference and Symposium on the Foundations of Software Engineering. Tallinn: ESEC/SIGSOFT FSE 2019, 2019: 986 – 995.

[167] ZHANG J M, HARMAN M, MA L, et al. Machine Learning Testing: Survey, Landscapes and Horizons [J]. IEEE Transactions on Software Engineering, 2022, 48 (1): 1 – 36.

[168] NICHOLS N, RAUGAS M, JASPER R, et al. Faster Fuzzing: Reinitialization with Deep Neural Models [EB/OL]. arXiv Website, 2017 – 08 – 11.

[169] LIU X, LI X, PRAJAPATI R, et al. DeepFuzz: Automatic Generation of Syntax Valid C Programs for Fuzz Testing [C] //Proceedings of the AAAI Conference on Artificial Intelligence. Honolulu: EAAI 2019, 2019: 1044 – 1051.

[170] LIN Z, ZHANG X, XU D. Convicting Exploitable Software Vulnerabilities: An Efficient Input Provenance Based Approach [C] //Proceedings of IEEE International Conference on Dependable Systems and Networks With FTCS and DCC. Anchorage: DSN 2008, 2008: 247 – 256.

[171] RAJPAL M, BLUM W, SINGH R. Not All Bytes are Equal:

Neural Byte Sieve for Fuzzing [EB/OL] . arXiv Website, 2017 – 11 – 10.

[172] BÖTTINGER K, GODEFROID P, SINGH R. Deep Reinforcement Fuzzing [C] //Proceedings of IEEE Security and Privacy Workshops. San Francisc: SP Workshops 2018 , 2018: 116 – 122.

[173] PATIL K, KANADE A. Greybox Fuzzing as a Contextual Bandits Problem [EB/OL] . arXiv Website, 2018 – 06 – 11.

[174] SHE D, PEI K, EPSTEIN D, et al. Neuzz: Efficient Fuzzing with Neural Program Smoothing [C] //Proceedings of IEEE Symposium on Security and Privacy. San Francisco: S&P 2019, 2019: 803 – 817.

[175] LYU C, JI S, ZHANG C, et al. MOPT: Optimized Mutation Scheduling for Fuzzers [C] //Proceedings of the 28th USENIX Security Symposium, USENIX Association. Santa Clara: USENIX Security 2019, 2019: 1949 – 1966.

[176] SEREBRYANY K, BRUENING D, POTAPENKO A, et al. Address Sanitizer: A Fast Address Sanity Checker [C] //Proceedings of the 12th USENIX Annual Technical Conference. Boston: USENIX Annual Technical Conference 2012, 2012: 309 – 318.

[177] STEPANOV E, SEREBRYANY K. Memory Sanitizer: Fast Detector of Uninitialized Memory Use in C + + [C] //Proceedings of the 13th Annual IEEE International Symposium on Code Generation and Optimization. San Francisco: CGO 2015, 2015: 46 – 55.

[178] CLANG'S DOCUMENTATION. Data Flow Sanitizer Document.

[EB/OL]. LLVM Website, 2021 - 02 - 10.

[179] SEREBRYANY K, ISKHODZHANOV T. Thread Sanitizer: Data Race Detection in Practice [C] //Proceedings of the Workshop on Binary Instrumentation and Applications. New York: WBIA 2009, 2009: 62 - 71.

[180] WANG S, NAM J, TAN L. QTEP: Quality - Aware Test Case Prioritization [C] //Proceedings of the 2017 11th Joint Meeting on Foundations of Software Engineering. Paderborn: ESEC/FSE 2017, 2017: 523 - 534.

[181] HSU C - C, WU C - Y, HSIAO H - C, et al. Instrim: Lightweight Instrumentation for Coverage - Guided Fuzzing [C] //Proceedings of Network and Distributed System Security Symposium, Workshop on Binary Analysis Research. San Diego: BAR 2018, 2018: 1 - 7.

[182] NAGY S, HICKS M. Full - Speed Fuzzing: Reducing Fuzzing Overhead through Coverage - Guided Tracing [C] //Proceedings of IEEE Symposium on Security and Privacy. San Francisco: S&P 2019, 2019: 787 - 802.

[183] BÖHME M, PHAM V - T, NGUYEN M - D, et al. Directed Greybox Fuzzing [C] //Proceedings of the 2017 ACM SIGSAC Conference on Computer and Communications Security. Dallas: CCS 2017, 2017: 2329 - 2344.

[184] CHEN H, XUE Y, LI Y, et al. Hawkeye: Towards a Desired Directed Grey - Box Fuzzer [C] //Proceedings of the ACM SIGSAC Conference on Computer and Communications Security. Toronto: CCS 2018, 2018: 2095 - 2108.

[185] PETSIOS T, ZHAO J, KEROMYTIS A D, et al. Slowfuzz: Automated Domain – Independent Detection of Algorithmic Complexity Vulnerabilities [C] //Proceedings of the ACM SIGSAC Conference on Computer and Communications Security. Dallas: CCS 2017, 2017: 2155 – 2168.

[186] PAILOOR S, ADAY A, JANA S. MoonShine: Optimizing OS Fuzzer Seed Selection with Trace Distillation [C] //Proceedings of the 27th USENIX Security Symposium. Baltimore: USENIX Security 2018, 2018: 729 – 743.

[187] JEONG D R, KIM K, SHIVAKUMAR B, et al. Razzer: Finding Kernel Race Bugs through Fuzzing [C] //Proceedings of 2019 IEEE Symposium on Security and Privacy. San Francisco: S&P 2019, 2019: 754 – 768.

[188] WANG M, LIANG J, CHEN Y, et al. SAFL: Increasing and Accelerating Testing Coverage with Symbolic Execution and Guided Fuzzing [C] //Proceedings of the 40th International Conference on Software Engineering: Companion. Gothenburg: ICSE 2018, 2018: 61 – 64.

[189] HAN H S, CHA S K. Imf: Inferred Model – Based Fuzzer [C] //Proceedings of the 2017 ACM SIGSAC Conference on Computer and Communications Security. Dallas : CCS 2017, 2017: 2345 – 2358.

[190] NEWSHAM T, HERTZ J, et al . Triforce Linux Syscall Fuzzer [EB/OL] . Github Website, 2016 – 06 – 13.

[191] JEONG D R, KIM K, SHIVAKUMAR B, et al. Razzer: Finding Kernel Race Bugs through Fuzzing [C] //Proceedings of 2019 IEEE

Symposium on Security and Privacy. San Francisco: S&P 2019, 2019: 754 - 768.

[192] MAIER D, RADTKE B, HARREN B. Unicorefuzz: On The Viability Of Emulation For Kernelspace Fuzzing [C] //Proceedings of the 13th USENIX Workshop on Offensive Technologies. Santa Clara: WOOT 2019, 2019: 1 - 11.

[193] JONES D. Linux System Call Fuzzer [EB/OL] . Github Website, 2021 - 02 - 10.

[194] XU W, MOON H, KASHYAP S, et al. Fuzzing File Systems via Two Dimensional Input Space Exploration [C] //Proceedings of 2019 IEEE Symposium on Security and Privacy. San Francisco: S&P 2019, 2019: 818 - 834.

[195] LIU X, ZHENG M, PAN A, et al. Hardening the Core: Understanding and Detection of XNU Kernel Vulnerabilities [C] //Proceedings of 2018 the 48th Annual IEEE/IFIP International Conference on Dependable Systems and Networks Workshops (DSN - W) . Luxembourg : DSN - W 2018, 2018: 10 - 13.

[196] GOLANG EXAMPLE. An Unsupervised Coverage - Guided Kernel Fuzzer [EB/OL] . Golang Example Website, 2021 - 10 - 28.

[197] LI D, CHEN H. FastSyzkaller: Improving Fuzz Efficiency for Linux Kernel Fuzzing [J] . Journal of Physics: Conference Series, 2019, 1176 (2): 022013.

[198] CORINA J, MACHIRY A, SALLS C, et al. Difuze: Interface Aware Fuzzing for Kernel Drivers [C] //Proceedings of the 2017 ACM SIG-SAC Conference on Computer and Communications Security. Dallas : CCS 2017 , 2017: 2123 – 2138.

[199] SONG D, HETZELT F, DAS D, et al. PeriScope: An Effective Probing and Fuzzing Framework for the Hardware – OS Boundary [C] //Proceedings of Network and Distributed System Security Symposium. San Diego: NDSS 2019 , 2019: 30 – 44.

[200] ASADOLLAH S A, SUNDMARK D, ELDH S, et al. A Runtime Verification Tool for Detecting Concurrency Bugs in FreeRTOS Embedded Software [C] //Proceedings of 2018 the 17th International Symposium on Parallel and Distributed Computing (ISPDC) . Geneva: ISPDC 2018, 2018: 172 – 179.

[201] KIM S Y, LEE S, YUN I, et al. CAB – Fuzz: Practical Concolic Testing Techniques for COTS Operating Systems [C] //Proceedings of the USENIX Annual Technical Conference. Santa Clara: USENIX ATC 2017, 2017: 689 – 701.

[202] WEAVER V M, JONES D. perf_ fuzzer: Targeted Fuzzing Of The Perf_ Event_ Open ( ) System Call [R] . Maine: UMaine VMW Group , 2015.

[203] SIPSER M, OTHERS. Introduction to the Theory of Computation: Vol 2 [M] . Boston: Thomson Course Technology Boston, 2006.

[204] LI P, CUI B. A Comparative Study on Software Vulnerability Static Analysis Techniques and Tools [C] //Proceedings of 2010 IEEE International Conference on Information Theory and Information Security. Beijing: ICITIS 2010, 2010: 521 –524.

[205] WAGNER D, FOSTER J S, BREWER E A, et al. A First Step Towards Automated Detection of Buffer Overrun Vulnerabilities [C] //Proceedings of Network and Distributed System Security Symposium. San Diego: NDSS 2000, 2000: 1 –15.

[206] SITU L, ZOU L, WANG L, et al. Poster: Detecting Missing Checks for Identifying Insufficient Attack Protections [C] //Proceedings of the 40th International Conference on Software Engineering: Companion Proceeedings. Gothenburg: ICSE 2018, 2018: 238 –239.

[207] CAI J, ZOU P, MA J, et al. SwordDTA: A dynamic taint analysis tool for software vulnerability detection [J] . Wuhan University Journal of Natural Sciences, 2016, 21 (1): 10 –20.

[208] SEN K. Concolic Testing [C] //Proceedings of the Twenty – second IEEE/ACM International Conference on Automated Software Engineering. Atlanta ﹕ASE 2007, 2007: 571 –572.

[209] BéRARD B, BIDOIT M, FINKEL A, et al. Systems and Software Verification: Model – Checking Techniques and Tools [M] . Berlin: Springer Science & Business Media, 2013.

[210] DUPRESSOIR F, GORDON A D, JüRJENS J, et al. Guiding a

General – Purpose C Verifier to Prove Cryptographic Protocols [J] . Journal of Computer Security, 2014, 22 (5): 823 – 866.

[211] SITU L, ZHAO L. CSP Bounded Model Checking of Preprocessed CTL Extended with Events Using Answer Set Programming [C] // Proceedings of 2015 Asia – Pacific Software Engineering Conference (APSEC) . New Delhi: APSEC 2015, 2015: 16 – 23.

[212] CHEN G, JIN H, ZOU D, et al. Safestack: Automatically Patching Stack – Based Buffer Overflow Vulnerabilities [J] . IEEE Transactions on Dependable and Secure Computing, 2013, 10 (6): 368 – 379.

[213] PIROMSOPA K, ENBODY R J. Survey of Protections from Buffer – Overflow Attacks [J] . Engineering Journal, 2011, 15 (2): 31 – 52.

[214] DIETZ W, LI P, REGEHR J, et al. Understanding Integer Overflow in C/C + + [J] . ACM Transactions on Software Engineering and Methodology, 2015, 25 (1): 1 – 29.

[215] SZEKERES L, PAYER M, WEI T, et al. Sok: Eternal War in Memory [C] //Proceedings of 2013 IEEE Symposium on Security and Privacy. Berkeley: S&P 2013, 2013: 48 – 62.

[216] DAS A, LAL A. Precise Null Pointer Analysis through Global Value Numbering [C] //Proceedings of International Symposium on Automated Technology for Verification and Analysis. Pune: ATVA 2017, 2017: 25 – 41.

[217] LEE B, SONG C, JANG Y, et al. Preventing Use – after – free with Dangling Pointers Nullification [C] //Proceedings of Network and Dis-

tributed System Security Symposium. San Diego. San Diego: NDSS 2015, 2015: 9 – 24.

[218] WANG M, ZHAO J. A Free Boundary Problem for the Predator – Prey Model with Double Free Boundaries [J] . Journal of Dynamics and Differential Equations, 2017, 29 (3): 957 – 979.

[219] KIM D, NAM J, SONG J, et al. Automatic Patch Generation Learned from Human – Written Patches [C] //Proceedings of 2013 the 35th International Conference on Software Engineering (ICSE) . San Francisco: ICSE 2013, 2013: 802 – 811.

[220] YAMAGUCHI F, WRESSNEGGER C, GASCON H, et al. Chucky: Exposing Missing Checks in Source Code for Vulnerability Discovery [C] //Proceedings of the 2013 ACM SIGSAC conference on Computer & communications security. Berlin: CCS 2013, 2013: 499 – 510.

[221] YASON M. Use – After – Frees: That Pointer May Be Pointing to Something Bad [EB/OL] . Security Intelligence Website, 2013 – 04 – 01.

[222] PENDLETON M, GARCIA – LEBRON R, CHO J – H, et al. A Survey on Systems Security Metrics [J] . ACM Computing Surveys, 2016, 49 (4): 62.

[223] MILLER B P, FREDRIKSEN L, SO B. An Empirical Study of the Reliability of UNIX Utilities [J] . Communications of the ACM, 1990, 33 (12): 32 – 44.

[224] YAMAGUCHI F, WRESSNEGGER C, GASCON H, et al.

Chucky: Exposing Missing Checks in Source Code for Vulnerability Discovery [C] //Proceedings of the ACM SIGSAC Conference on Computer and Communications Security. New York: CCS 2013, 2013: 499 – 510.

[225] SON S, MCKINLEY K S, SHMATIKOV V. Rolecast: Finding Missing Security Checks When You Do Not Know What Checks Are [J]. ACM SIGPLAN Notices, 2011, 46 (10): 1069 – 1084.

[226] NOLLER Y, KERSTEN R, PĂSĂREANU C S. Badger: Complexity Analysis with Fuzzing and Symbolic Execution [C] //Proceedings of the 27th ACM SIGSOFT International Symposium on Software Testing and Analysis. Amsterdam: ISSTA 2018, 2018: 322 – 332.

[227] CUMMINS C, PETOUMENOS P, MURRAY A, et al. Compiler Fuzzing through Deep Learning [C] //Proceedings of the 27th ACM SIGSOFT International Symposium on Software Testing and Analysis. Amsterdam: ISSAT 2018, 2018: 95 – 105.

[228] HU Z, SHI J, HUANG Y, et al. GANFuzz: A GAN – Based Industrial Network Protocol Fuzzing Framework [C] //Proceedings of the 15th ACM International Conference on Computing Frontiers. Ischia: CF 2018, 2018: 138 – 145.

[229] MICROSOFT. Microsoft Security Risk Detection [EB/OL]. Microsoft Website, 2015 – 01 – 01.

[230] BIRDWELL D. American Fuzzy Lop [EB/OL]. Github Website, 2015 – 11 – 23.

[231] FERRANTE M, SALTALAMACCHIA M. The Coupon Collector's Problem [J]. Materials Matemàtics, 2014 (5): 1 – 35.

[232] DU X, CHEN B, LI Y, et al. Leopard: Identifying Vulnerable Code for Vulnerability Assessment through Program Metrics [C] //Proceedings of 2019 IEEE/ACM 41st International Conference on Software Engineering (ICSE). Montreal: ICSE 2019, 2019: 60 – 71.

[233] DOLAN – GAVITT B, HULIN P, KIRDA E, et al. Lava: Large – scale Automated Vulnerability Addition [C] //Proceedings of 2016 IEEE Symposium on Security and Privacy (SP). San Jose: S&P 2016, 2016: 110 – 121.

[234] GOUBAULT – LARRECQ J, PARRENNES F. Cryptographic Protocol Analysis on Real C Code [C] //Proceedings of International Workshop on Verification, Model Checking, and Abstract Interpretation. Berlin: VMCAI 2005, 2005: 363 – 379.

[235] CHAKI S, DATTA A. ASPIER: An Automated Framework for Verifying Security Protocol Implementations [C] //Proceedings of 2009 the 22nd IEEE Computer Security Foundations Symposium. New York: CSF 2009, 2009: 172 – 185.

[236] AIZATULIN M, GORDON A D, JüRJENS J. Extracting and Verifying Cryptographic Models from C Protocol Code by Symbolic Execution [C] //Proceedings of the 18th ACM Conference on Computer and Communications Security. Chicago: CCS 2011, 2011: 331 – 340.

[237] AIZATULIN M, DUPRESSOIR F, GORDON A D, et al. Verif-

ying Cryptographic Code in C: Some Experience and the Csec Challenge [C] //Proceedings of International Workshop on Formal Aspects in Security and Trust. Berlin: FAST 2011, 2011: 1 – 20.

[238] HSU Y, SHU G, LEE D. A Model – Based Approach to Security Flaw Detection of Network Protocol Implementations [C] //Proceedings of 2008 IEEE International Conference on Network Protocols. Orlando: ICNP 2008, 2008: 114 – 123.

[239] ANGLUIN D. Learning Regular Sets from Queries and Counter-examples [J] . Information and Computation, 1987, 75 (2): 87 – 106.

[240] EBERHART R, KENNEDY J. A New Optimizer Using Particle Swarm Theory [C] //Proceedings of the Sixth International Symposium on Micro Machine and Human Science. Nagoya: MHS 1995, 1995: 39 – 43.

[241] DOLAN – GAVITT B, HODOSH J, HULIN P, et al. Repeatable Reverse Engineering with PANDA [C] //Proceedings of the 5th Program Protection and Reverse Engineering Workshop. Los Angeles : PPREW @ ACSAC, 2015: 1 – 11.

[242] BELLARD F. QEMU, a Fast and Portable Dynamic Translator [C] //Proceedings of USENIX Annual Technical Conference, FREENIX Track. Anaheim: USENIX ATC 2005, 2005: 41.

[243] LUK C – K, COHN R, MUTH R, et al. Pin: Building Customized Program Analysis Tools with Dynamic Instrumentation [J] . ACM SIGPLAN Notices, 2005, 40 (6): 190 – 200.

［244］ JHA S, LIMAYE R, SESHIA S A. Beaver: Engineering an Efficient SMT Solver For Bit – Vector Arithmetic ［C］//Proceedings of International Conference on Computer Aided Verification. Berlin: CAV 2009, 2009: 668 – 674.

［245］ CAO C, GUAN L, MING J, et al. Device – Agnostic Firmware Execution is Possible: A Concolic Execution Approach for Peripheral Emulation ［C］//Proceedings of Annual Computer Security Applications Conference. Austin: ACSAC 2020, 2020: 746 – 759.

［246］ CHEN G, CHEN S, XIAO Y, et al. Sgxpectre: Stealing Intel Secrets from SGX Enclaves via Speculative Execution ［C］//Proceedings of 2019 IEEE European Symposium on Security and Privacy (Euro S&P) . Stockholm: Euro S&P 2019, 2019: 142 – 157.

［247］ CONLEY C C, ZEHNDER E. The Birkhoff – Lewis Fixed Point Theorem and a Conjecture of VI Arnold ［J］. Inventiones Mathematicae, 1983, 73 (1): 33 – 49.

［248］ CEARA D. Tanalysis ［EB/OL］. Github Website, 2010 – 06 – 11.

［249］ VARGHA A, DELANEY H D. A Critique and Improvement of the CL Common Language Effect Size Statistics of McGraw and Wong ［J］. Journal of Educational and Behavioral Statistics, 2000, 25 (2): 101 – 132.

［250］ Information Technology Laboratory. CVE – 2018 – 16598 Detail ［EB/OL］. NIST Website, 2018 – 06 – 12.